W0467701

westermann

Level 6
Mathematik

Übungsheft

Alle Audios und Videos können auf der Homepage www.westermann.de/webcode mit dem im Heft vermerkten Webcode (z.B. WES-121588-001) abgespielt werden.

Auf den letzten Seiten der Kapitel findest du Aufgaben mit einem Stern. Diese Aufgaben fordern dich heraus.

Teiler und Vielfache bestimmen

Merkkasten

Die Teiler einer Zahl teilen sie ohne Rest. Eine Zahl hat immer mindestens zwei Teiler: Die Zahl selbst und die 1. Multiplizierst du eine Zahl mit 1; 2; 3; … so ist das Ergebnis ein Vielfaches der Zahl. Das kleinste Vielfache einer Zahl ist sie selbst.

WEBCODE WES-121588-001

Beispiel

Teiler:
① 12 hat sechs Teiler: 1; 2; 3; 4; 6 und 12
② 23 hat nur zwei Teiler: 1 und 23
Vielfache:
③ Die ersten sechs Vielfachen von 3 lauten: 3; 6; 9; 12; 15 und 18

1 Notiere von den folgenden Zahlen jeweils deren Teiler und die Anzahl der Teiler.

a) 10 Teiler: 1; ______ ; 10 Anzahl der Teiler: ______

b) 17 Teiler: ______ Anzahl der Teiler: ______

c) 24 Teiler: ______ Anzahl der Teiler: ______

d) 35 Teiler: ______ Anzahl der Teiler: ______

e) 39 Teiler: ______ Anzahl der Teiler: ______

f) 100 Teiler: ______ Anzahl der Teiler: ______

2 Die 6b veranstaltet eine Verlosung, für die sie viele Lose braucht. Peter teilt ein A-4-Blatt in 9 Rechtecke mit den Maßen 10 cm mal 7 cm auf.

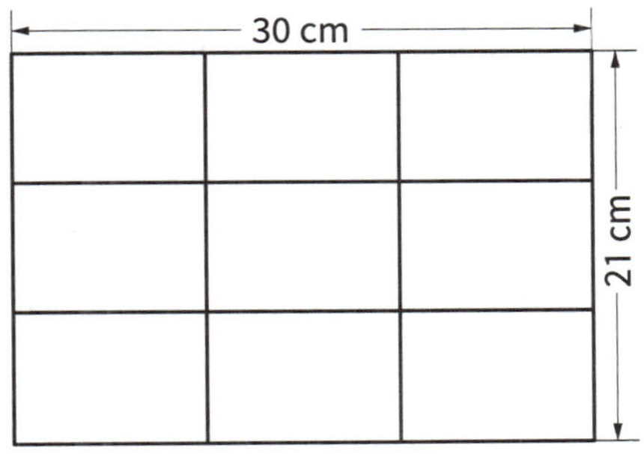

a) Er erklärt seine Aufteilung mit dem Teiler 3. Was meint er damit?

______

______

b) Stefanie überlegt: „5 ist auch ein Teiler von 30“. Zeichne mit Stefanies Idee rechts eine neue Aufteilung.

Wie viele Rechtecke entstehen jetzt? ______

c) Lea hat 42 Rechtecke erzeugt. Welche Teiler von 30 und 21 hat sie genutzt? ______

3 Welche Zahl ist gemeint?

a) Wie groß ist das Doppelte des größten Teilers von 10? ______

b) Wie groß ist das 6-fache des kleinsten Teilers von 10? ______

c) Addiere alle Teiler von 14. Wie groß ist die Summe? ______

d) Wie lautet das kleinste Vielfache des größten Teilers von 24? ______

Teilbarkeit durch 2, 4, 5 und 10

Merkkasten

Die Endziffern einer Zahl bestimmen die Teilbarkeit:

Teiler	Endziffer
2	gerade Endziffer: 0; 2; 4; 6; 8
4	4 teilt Zahl aus letzten beiden Ziffern
5	Endziffer 0 oder 5
10	Endziffer 0

WEBCODE WES-121588-002

Beispiel

① 2 teilt z. B. 12; 28; 80; 124 aber z. B. nicht 75
② 4 teilt z. B. 48; 124; 2 136 aber z. B. nicht 122 oder 754
③ 5 teilt z. B. 25; 150; 2 715 aber z. B. nicht 120
④ 10 teilt z. B. 60; 780; 9 210 aber z. B. nicht 535

1 Ordne die Zahlen in Hinblick auf ihre Teilbarkeit durch 2; 4; 5 und 10 ein.

30 | 18 | 27 | 44 | 105 | 423 | 5 010 | 2 340 | 48 012 | 71 009 | 321 005 | 9 753 468

a) teilbar durch 2 ______

b) teilbar durch 4 ______

c) teilbar durch 5 ______

d) teilbar durch 10 ______

e) nicht teilbar durch 2, 4, 5 und 10 ______

2 Finde jeweils drei Zahlen mit den angegebenen Eigenschaften.

a) Die drei Zahlen sind jeweils durch 2 teilbar, größer als 48 und kleiner als 60:

______

b) Die drei Zahlen sind jeweils durch 5 teilbar, größer als 230 und kleiner als 260:

______

c) Die drei Zahlen sind jeweils durch 10 teilbar, haben vier Stellen und nur die vier Ziffern 0; 0; 2 und 5:

______

3 Elias meint: „Wenn eine Zahl durch 4 teilbar ist, dann ist sie auch durch 2 teilbar." Notiere drei Zahlen, die durch 4 teilbar sind. Prüfe dann, ob sie auch durch 2 teilbar sind.

______

______

4 Tobias tauscht in Elias Aussage die Teiler und sagt: „Wenn eine Zahl durch 2 teilbar ist, dann ist sie auch durch 4 teilbar." Schreibe drei Zahlen auf, die durch 2 teilbar sind. Prüfe dann, ob sie auch durch 4 teilbar sind.

______

______

Teilbarkeit durch 3 und 9

Merkkasten

Mit dem Teiler 3 oder 9 der Quersumme prüfst du, ob eine Zahl durch 3 oder 9 teilbar ist.
Die Quersumme ist die Summe der Ziffern einer Zahl:
- 3 teilt Quersumme der Zahl: Zahl ist durch 3 teilbar
- 9 teilt Quersumme der Zahl: Zahl ist durch 9 teilbar

WEBCODE WES-121588-003

Beispiel

① 30 ist durch 3 teilbar, weil 3 die Quersumme $3 + 0 = 3$ von 30 teilt.
② 307 521 ist durch 9 teilbar, weil 9 die Quersumme $3 + 0 + 7 + 5 + 2 + 1 = 18$ von 307 521 teilt.
③ 443 ist nicht durch 3 teilbar, weil 3 die Quersumme $4 + 4 + 3 = 11$ von 443 nicht teilt.

1 Welche der Zahlen sind durch 3 teilbar?
Prüfe mit der Teilbarkeit der Quersumme durch 3.

23 | 81 | 405 | 1 952 | 7 684

2 Welche der Zahlen sind durch 9 teilbar?
Prüfe mit der Teilbarkeit der Quersumme durch 9.

29 | 72 | 675 | 2 781 | 5 087

3 Finde jeweils drei Zahlen mit den angegebenen Eigenschaften.

a) Die drei Zahlen sind jeweils durch 3 teilbar, größer als 70 und kleiner als 88:

b) Die drei Zahlen sind jeweils durch 9 teilbar, größer als 420 und kleiner als 460:

c) Die drei Zahlen sind jeweils durch 3 teilbar, haben drei Stellen und nur die Ziffern 0, 1, 2, 3, 4 und 5:

4 In einem Mathebuch steht die Aussage: „Wenn eine Zahl durch 9 teilbar ist, dann ist sie auch durch 3 teilbar."

a) Notiere drei Zahlen, die durch 9 teilbar sind. Prüfe dann, ob sie auch durch 3 teilbar sind.

b) Ist die Aussage „Wenn eine Zahl durch 3 teilbar ist, dann ist sie auch durch 9 teilbar." korrekt? Prüfe mit den drei Zahlen 24, 75 und 492.

ggT

Merkkasten

So findest du den größten gemeinsamen Teiler (ggT) von zwei Zahlen:
① Notiere alle Teiler der beiden Zahlen.
② Unterstreiche alle gemeinsamen Teiler.
③ Umkreise von den gemeinsamen Teilern den ggT.

WEBCODE WES-121588-004

Beispiel

Gesucht: ggT von (20 und 36)
– Teiler von 20: 1; 2; 4; 5; 10; 20
– Teiler von 36: 1; 2; 3; 4; 9; 12; 18; 36
Lösung: ggT(20; 36) = 4

1 Bestimme jeweils den größten gemeinsamen Teiler der beiden Zahlen.

a) gesucht: ggT von (18 und 24) — Teiler von 18: ______
Lösung: ggT(18; 24) = ______ — Teiler von 24: ______

b) gesucht: ggT von (25 und 40) — Teiler von 25: ______
Lösung: ggT(25; 40) = ______ — Teiler von 40: ______

c) gesucht: ggT von (63 und 84) — Teiler von 63: ______
Lösung: ggT(63; 84) = ______ — Teiler von 84: ______

d) gesucht: ggT von (13 und 36) — Teiler von 13: ______
Lösung: ggT(13; 36) = ______ — Teiler von 36: ______

e) gesucht: ggT von (50 und 100) — Teiler von 50: ______
Lösung: ggT(50; 100) = ______ — Teiler von 100: ______

2 Leider hat der Lehrer in Rebeccas Mathearbeit nicht die Stellen angekreuzt, wo sie Fehler gemacht hat. Sie möchte aber aus ihren Fehlern lernen. Hilf ihr, die Fehler zu finden und korrigiere sie.

a) ggT(20; 30) = 5 f — Teiler von 20: 1; 2; 4; 5; 10; 20 — Teiler von 30: 1; 2; 3; 5; 6; 10; 15; 30

______

______

b) ggT(18; 36) = 8 f — Teiler von 24: 1; 2; 3; 4; 6; 8; 12; 24 — Teiler von 36: 1; 2; 3; 4; 8; 12; 18; 36

______

______

c) ggT(28; 32) = 2 f — Teiler von 28: 1; 2; 7; 14; 28 — Teiler von 32: 1; 2; 4; 8; 16; 32

______

______

kgV

Merkkasten

So berechnest du das kleinste gemeinsame Vielfache (kgV) von zwei Zahlen:
① Notiere die ersten Vielfachen der größeren Zahl.
② Führe so weit fort, bis du das kleinste gemeinsame Vielfache findest.

WEBCODE WES-121588-005

Beispiel

Gesucht: kgV von (4 und 6)
– erste Vielfache von 6: 6; 12; 18; 24; 30; 36; 42; …
– Vielfache von 4: 4; 8; 12;
– 12 ist das kleinste gemeinsame Vielfache
Lösung: kgV(4; 6) = 12

1 Bestimme jeweils das kleinste gemeinsame Vielfache der beiden Zahlen.

a) kgV(5; 6) = ______ Vielfache von 6: ______
Vielfache von 5: ______

b) kgV(5; 7) = ______ Vielfache von 7: ______
Vielfache von 5: ______

c) kgV(6; 15) = ______ Vielfache von 15: ______
Vielfache von 6: ______

2 Finde den Fehler bei der Berechnung des kleinsten gemeinsamen Vielfaches und korrigiere ihn.

a) kgV(4; 12) = 24 f Vielfache von 12: 24; 36; 48; 60; … Vielfache von 4: 4; 8; 12; 24; …

______

______

b) kgV(15; 20) = 30 f Vielfache von 20: 20; 30; 40; 60; 100; … Vielfache von 15: 30; 60; …

______

______

c) kgV(6; 8) = 16 f Vielfache von 8: 8; 16; 24; 32; 40; 48; … Vielfache von 6: 6; 16; 24; 48; …

______

______

3 Celine berechnet das kleinste gemeinsame Vielfache von zwei Zahlen, indem sie beide Zahlen multipliziert. Ist das immer richtig? Was meinst du dazu? Prüfe Celines Vorschlag am kgV(5; 6) und kgV(6; 15). Beide hast du schon in Aufgabe 1 berechnet.

______

______

Primzahlen

Merkkasten

Primzahlen sind die Zahlen, die nur zwei Teiler besitzen: 1 und sich selbst.
Die kleinste Primzahl ist 2. 0 und 1 sind keine Primzahlen.

WEBCODE WES-121588-006

Beispiel

① 11 ist eine Primzahl: Sie hat nur die Teiler 1 und 11.
② 113 ist eine Primzahl: Sie hat nur die Teiler 1 und 113.
③ 39 ist keine Primzahl: Sie hat die vier Teiler 1; 3; 13 und 39.

1 Notiere die Primzahlen von 1 bis 20.

____

2 Wie viele Primzahlen gibt es zwischen 10 und 30?

____

3 Ordne die Zahlen nach Primzahl und keine Primzahl richtig ein.

2 | 8 | 9 | 17 | 21 | 31 | 35
42 | 51 | 63 | 71 | 81 | 99

Primzahl: ______________________________

keine Primzahl: ______________________________

4 Prüfe mit den Teilbarkeitsregeln, ob die folgenden Zahlen Primzahlen sind. Kreuze dann wie im Beispiel a) an.

	teilbar durch						Primzahl	
	2	3	4	5	9	10	ja	nein
a) 352	☒	☐	☒	☐	☐	☐	☐	☒
b) 113	☐	☐	☐	☐	☐	☐	☐	☐
c) 234	☐	☐	☐	☐	☐	☐	☐	☐
d) 41 615	☐	☐	☐	☐	☐	☐	☐	☐
e) 927 027	☐	☐	☐	☐	☐	☐	☐	☐

5 Welche Aussagen sind wahr (w) oder falsch (f). Kreuze an.

a) 2 ist eine Primzahl und gerade. w ☐ f ☐
b) Eine Primzahl hat mehr als zwei Teiler. w ☐ f ☐
c) 117 ist eine Primzahl. w ☐ f ☐
d) Das Doppelte der Primzahl 23 ist keine Primzahl. w ☐ f ☐

6 Ein sehr alter Mönch sagt: „Mein Alter ist die kleinste dreistellige Primzahl. Sie hat zwei gleiche Ziffern."

Wie alt ist der Mönch? ______________________________

Teiler und Vielfache bestimmen (Seite 5)

1 Bestimme alle Teiler und die ersten vier Vielfachen.
a) 8 b) 15 c) 30

2 30 hat mehr Teiler als Vielfache! Stimmt das? Prüfe die Aussage.

Teilbarkeit durch 2, 4, 5 und 10 (Seite 6)

1 Prüfe, ob 2, 4, 5 oder 10 Teiler der Zahlen sind.
a) 24 b) 78 c) 120

2 Wenn eine Zahl durch 5 teilbar ist, dann ist sie auch durch 10 teilbar! Stimmt das? Prüfe mit 100 und 55.

3 Wenn eine Zahl durch 20 teilbar ist, dann ist sie auch durch 2, 4 und 5 teilbar! Stimmt das? Prüfe mit 60 und 100.

4 ✪ Welche Zahl ist die kleinste, die durch 2, 4, 5 und 10 teilbar ist?

Teilbarkeit durch 3 und 9 (Seite 7)

1 Prüfe, ob 3 oder 9 Teiler der Zahlen sind.
a) 53 b) 169 c) 567

2 Welche zweistellige Zahl zwischen 65 und 75 ist durch 3 teilbar und hat die Quersumme 15?

ggT (Seite 8)

1 Bestimme den ggT von …
a) 72 und 80. b) 17 und 23. c) 32 und 64.

2 Nenne zwei verschiedene Zahlen, die jeweils mit 20 den ggT(20; □) = 5 haben.

kgV (Seite 9)

1 Berechne das kgV von …
a) 15 und 40. b) 7 und 11. c) 46 und 92.

2 Wie lautet die Zahl, die mit 6 das kgV(6; □) = 30 hat?

Primzahlen (Seite 10)

1 Streiche aus der Liste der Zahlen diejenigen, die keine Primzahlen sind.
1; 2; 3; 17; 33; 51; 61; 95; 104; 234; 9 459

2 Wie heißt die größte zweistellige Primzahl?

3 ✪ Jede Zahl lässt sich als Produkt von Primzahlen darstellen. Z. B. $20 = 2 \cdot 2 \cdot 5$.
Stelle die Zahlen 15, 24, 30, als Produkt von Primzahlen dar.

Überprüfe dich selbst

1 Setze die 9er- bzw. 12er-Folge so weit fort, bis du das kgV(9, 12) bestimmt hast.

9; 18; ______

12; 24; ______

2 Wo steckt der Fehler?

a) 9 ist kein Teiler von 394 623, weil die Quersumme nicht durch 9 teilbar ist.

b) Der größte Teiler von 2 345 ist 5.

c) Das kleinste Vielfache von 163 ist 326.

3 Das kgV von zwei Primzahlen ist das Produkt der beiden Primzahlen! Prüfe die Aussage mit den beiden Beispielen.

kgV(3; 7) = 21 ______

kgV (5; 11) = 55 ______

4 Von einer Zahl sind alle ihre Teiler bis auf den kleinsten gegeben. Wie lautet die Zahl?

a) 2; 3; 5; 6; 10; 15, 30: ______

b) 2; 4; 8; 9; 18; 36; 72: ______

5 Wenn eine Zahl durch 6 teilbar ist, dann ist sie auch durch 2 und 3 teilbar! Prüfe mit 24 und 60.

6 ✪ Vervollständige die Aussage „Wenn eine Zahl durch 8 teilbar ist, dann ist sie auch durch

______ und ______ teilbar." Prüfe mit 48 und 80.

7 Das Produkt einer Primzahl mit sich selbst ist keine Primzahl! Prüfe die Aussage mit den beiden Primzahlen 7 und 11.

8 ✪ Wenn eine Zahl nicht durch 2, 3, 4, 5, 9 oder 10 teilbar ist, dann ist sie eine Primzahl. Stimmt das? Prüfe mit 49 und 121.

9 Ein Zahlenrätsel: Gesucht ist das 6-fache der kleinsten Primzahl.

10 Das Produkt von zwei verschiedenen Primzahlen ist keine Primzahl! Prüfe die Aussage mit den Primzahlen 3 und 13 bzw. 7 und 11.

11 Einige Knobelaufgaben: Von den Teilern einer Zahl sind alle bis auf den größten und kleinsten Teiler gegeben. Wie heißt die Zahl?

a) 3: ______

b) 2; 4; 5; 10: ______

c) 2; 7; 49: ______

d) ✪ Warum kann man die Knobelaufgabe nicht mit Primzahlen stellen? Teste mit z. B. 11 oder 23 und begründe.

Winkelarten

Merkkasten

Winkel, gemessen in ° (Grad), unterteilt man in zwei Gruppen:
- zwischen 0° und 90°: spitze Winkel
- zwischen 90° und 180°: stumpfe Winkel

Ein 90°-Winkel heißt rechter Winkel und einen 180°-Winkel nennt man gestreckten Winkel.

WEBCODE WES-121588-007

Beispiel

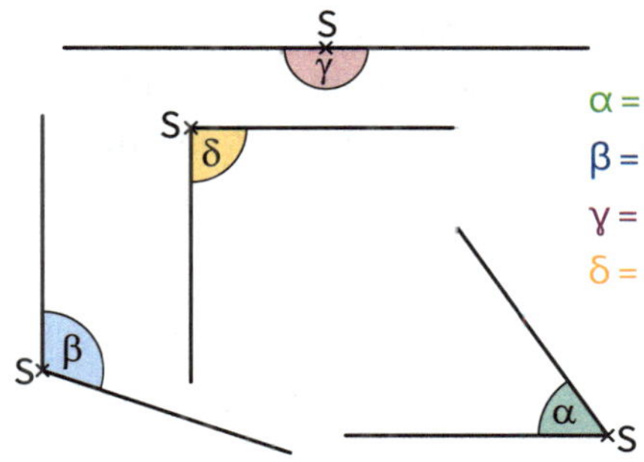

α = spitz
β = stumpf
γ = gestreckt
δ = rechter Winkel

1 Wie heißen die Winkel? Kreuze an.

	spitz	90°	stumpf	gestreckt
α	☐	☐	☐	☐
β	☐	☐	☐	☐
γ	☐	☐	☐	☐
δ	☐	☐	☐	☐
ε	☐	☐	☐	☐

2 Rechts ist ein Dreieck ABC mit drei spitzen Winkeln gezeichnet.

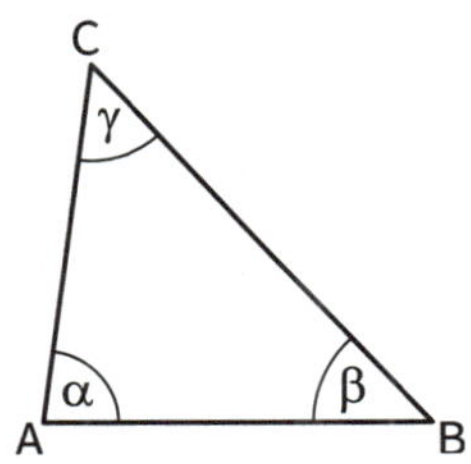

a) Zeichne ein Dreieck ABC, sodass α ein rechter Winkel ist.

b) Zeichne ein Dreieck ABC, sodass γ ein stumpfer Winkel ist.

c) Versuche ein Dreieck ABC mit zwei stumpfen Winkeln zu zeichnen. Was stellst du fest?

____

____

a)

b)

c)

3 Rechts ist ein Kreis mit dem Mittelpunkt S gegeben.

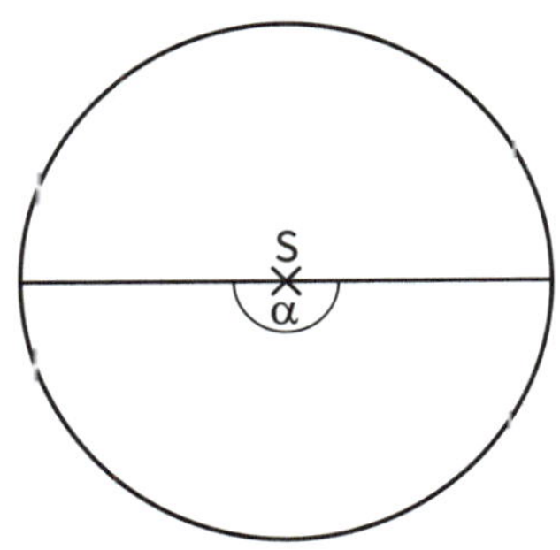

a) Wie nennt man den Winkel α? ____________________

b) Zeichne in den oberen Halbkreis eine Strecke von S zum Kreisrand, sodass zwei rechte Winkel entstehen.

c) Zeichne in den unteren Halbkreis eine Strecke von S zum Kreisrand, sodass sich α in einen spitzen und stumpfen Winkel aufteilt.

d) Das Doppelte von α heißt Vollwinkel. Wie viel Grad hat er? ______ °

Winkel messen

Merkkasten

So misst du einen Winkel mit dem Geodreieck:
① Entscheide: spitzer oder stumpfer Winkel?
② Lege die lange Seite des Geodreiecks an einen Schenkel, sodass der Nullpunkt auf dem Scheitelpunkt liegt.
③ Lies am anderen Schenkel die Winkelgröße ab.

WEBCODE WES-121588-008

Beispiel

β ist ein stumpfer Winkel, also größer als 90°.

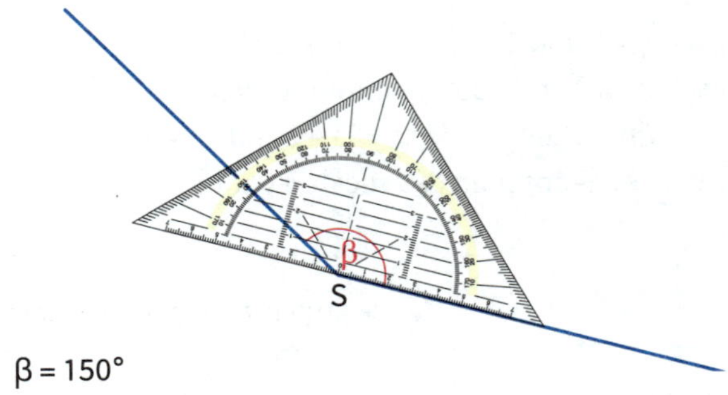

β = 150°

1 Miss mit dem Geodreieck die bezeichneten Winkel.

α = ________ ° δ = ________ °

β = ________ ° ε = ________ °

γ = ________ °

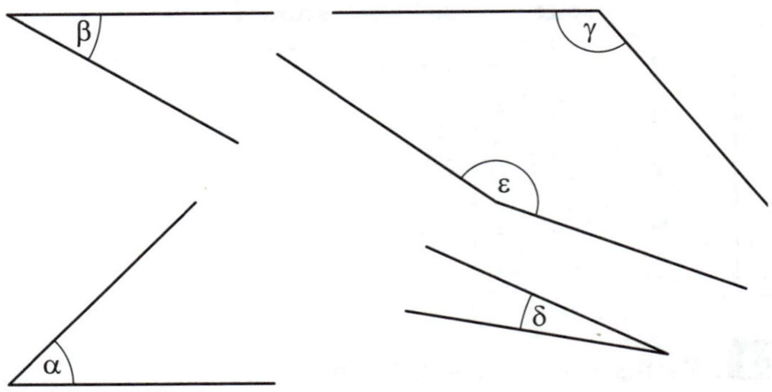

2 Welche Fehler macht Peter beim Winkelmessen? Vervollständige und korrigiere.

a) α = 70°.

Er vergisst zu entscheiden, ob ein ________ oder ________ Winkel vorliegt. α = ________ °

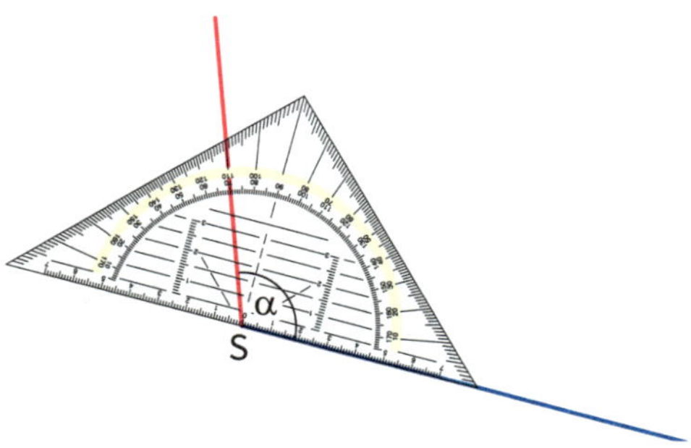

b) β = ?

Er muss die ________ Seite am blauen Schenkel anlegen, damit der ________ Schenkel die Winkelgröße anzeigt. β = ________ °

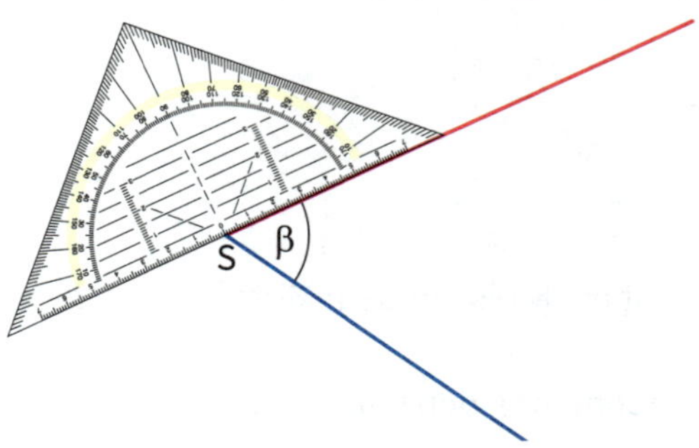

3 Annette soll den Winkel α messen. Sie legt das Geodreieck mit der Spitze nach oben an den langen Schenkel an und kann aber nicht die Winkelgröße ablesen. Was soll sie machen?

____

____

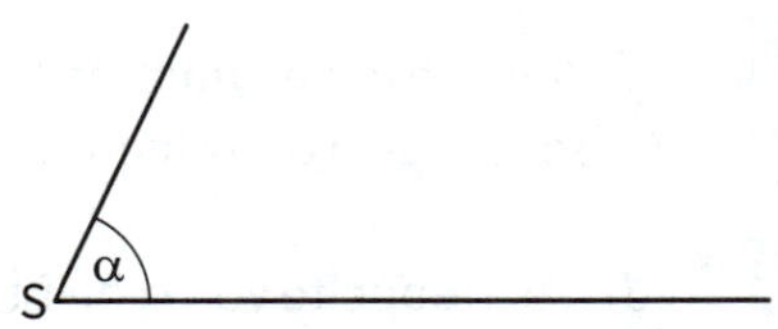

Winkel zeichnen

Merkkasten

So zeichnest du einen Winkel mit dem Geodreieck:
① Entscheide: spitzer oder stumpfer Winkel?
② Den Scheitelpunkt S mit einem Schenkel zeichnen.
③ Die lange Seite mit dem Nullpunkt auf S legen.
④ Das Kreuz an der Winkelgröße markieren.
⑤ S mit dem Kreuz verbinden und den Winkel bezeichnen.

WEBCODE WES-121588-009

Beispiel

Spitzen Winkel zeichnen:

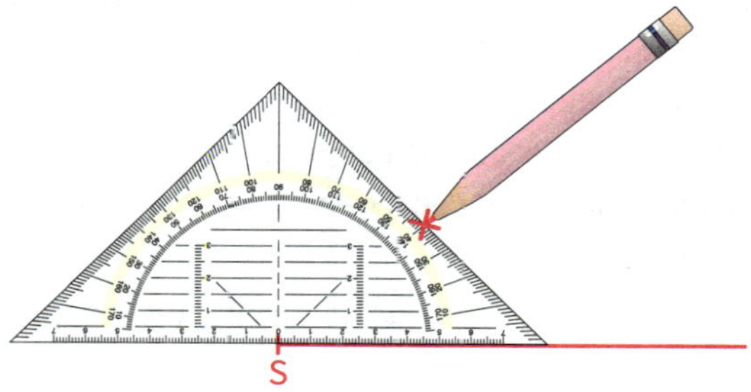

1 Rechts siehst du angefangene Winkelzeichnungen.

a) Entscheide: spitz oder stumpf?

α = 40°: ________ Winkel

β = 125°: ________ Winkel

γ = 73°: ________ Winkel

δ = 148°: ________ Winkel

b) Vervollständige die Zeichnungen.

c) Bezeichne den Winkel mit dem korrekten griechischen Buchstaben.

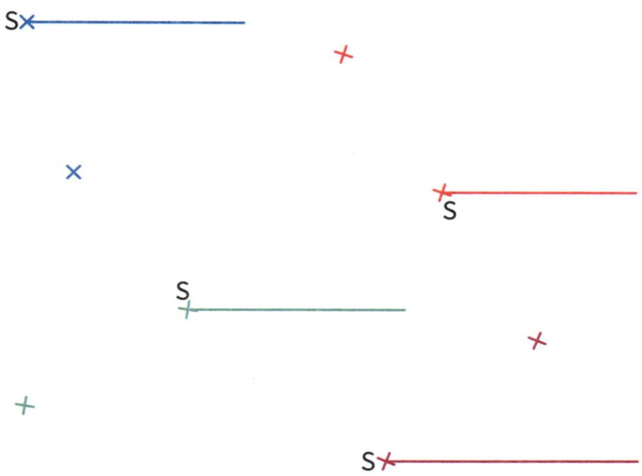

2 Zeichne jeweils den Winkel.

a) α = 50°

b) β = 110°

c) γ = 165°

d) δ = 37°

3 Es gibt auch Winkel, die größer als 180° sind.

a) Miss den Winkel β. β = ________ °

b) Wie groß ist α? α = ________ °

c) Zeichne rechts γ = 250°.

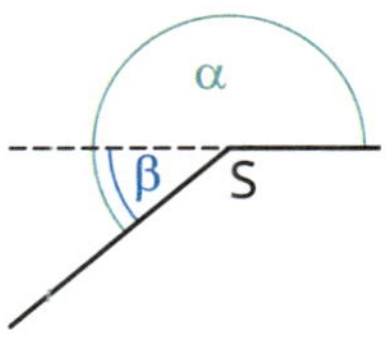

Kreise zeichnen

Merkkasten

Zum Zeichnen eines Kreises brauchst du seinen Mittelpunkt M und Radius r. Der Radius ist der Abstand zwischen M und der Kreislinie.
So zeichnest du einen Kreis:
① Stell den Zirkel auf die Länge von r ein.
② Markiere M, steche dort den Zirkel ein und zeichne die Kreislinie.

WEBCODE WES-121588-010

Beispiel

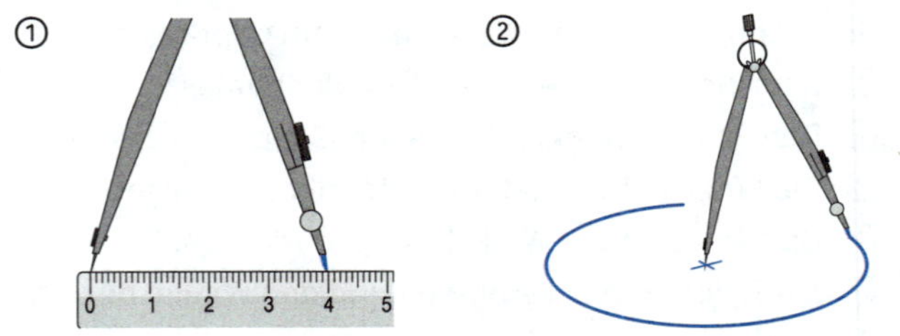

1 Vervollständige die Zeichnungen und die Angaben zu den Kreisen. Ein Kästchen hat die Länge von 1 cm.

a) A(2|____); r = 2 cm

b) B(____|____); r = 1 cm

c) C(____|____; r = ____ cm

d) Zeichne den Punkt D ein, in dem der Kreis um A die Rechtsachse berührt.

e) Zeichne den Punkt E ein, in dem sich die Kreise um B und C berühren.

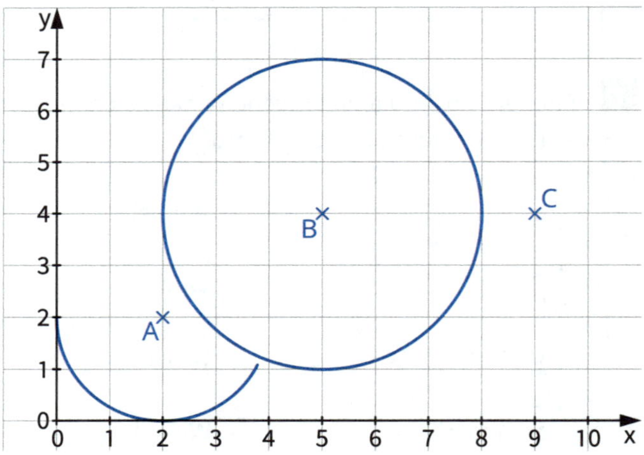

2 Der Durchmesser eines Kreises verbindet zwei beliebige Punkte der Kreislinie. Er verläuft geradlinig durch den Mittelpunkt.

a) Welche der Linien sind Durchmesser? Kreuze an:

a ☐ b ☐ c ☐ d ☐

b) Zeichne den Radius auf die Linie, die den Durchmesser darstellt.

c) Wie hängen Radius und Durchmesser zusammen?

____

____

____

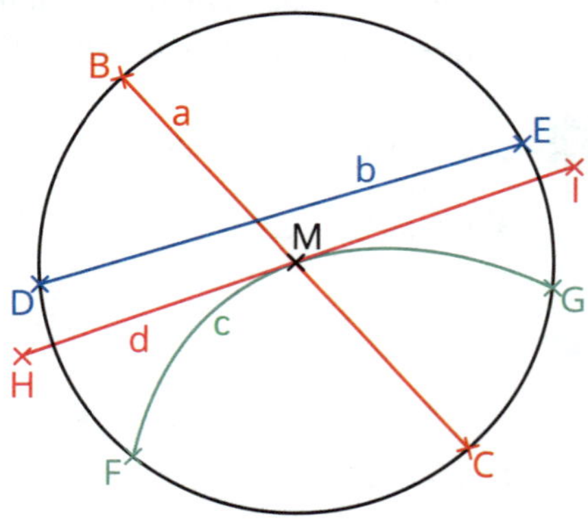

3 Gegeben ist der Durchmesser $\overline{AB}$ eines Kreises.

a) Wie lang ist der Durchmesser? $\overline{AB}$ = ____ cm

b) Zeichne auf $\overline{AB}$ den Mittelpunkt M des Kreises.

c) Wie lang ist sein Radius? r = ____ cm

Winkelarten (Seite 13)

1 Ein Kuchen wird in drei gleich große Teile aufgeschnitten. Was für eine Winkelart ist der Winkel α?

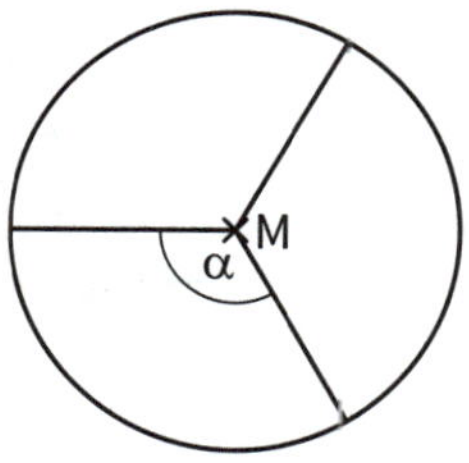

2 Ein anderer Kuchen wird in vier gleich große Stücke aufgeteilt. Wie heißt nun der Winkel α am Mittelpunkt?

3 Addiert man zwei gestreckte Winkel, ergibt sich ein Vollwinkel! Begründe mit einer Rechnung.

Winkel messen (Seite 14)

1 Miss den Winkel α im Mittelpunkt des Kreises.

2 Im Parallelogramm ABCD sind die vier Innenwinkel α, β, γ und δ gezeichnet.

a) Wie groß sind die Winkel?

b) Was fällt dir bei den Winkelgrößen auf?

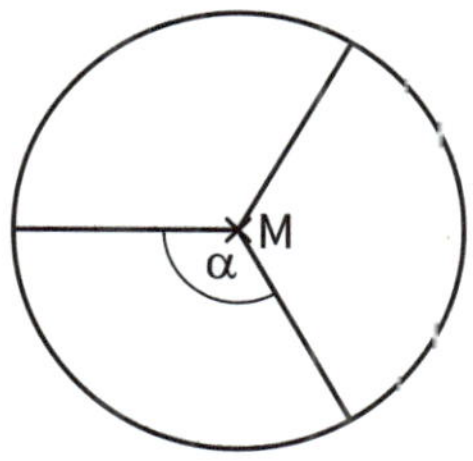

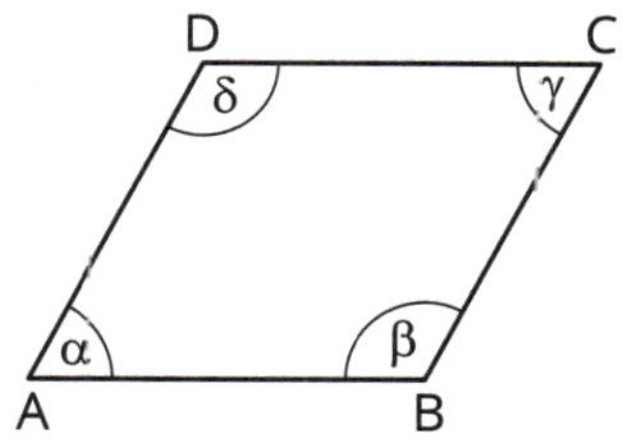

Winkel zeichnen (Seite 15)

1 Zeichne die Winkel.
a) $\alpha = 27°$ b) $\beta = 127°$ c) ✪ $\gamma = 227°$

2 ✪ Mathilda soll einen Winkel von 300° zeichnen. Sie zeichnet zuerst einen Winkel von 60°. Warum?

Kreise zeichnen (Seite 16)

1 Zeichne einen Kreis mit M (2 | 3) und r = 2 cm.

a) Berührt der Kreis die Hochachse?

b) Zeichne einen weiteren Kreis mit M (5 | 2) und r = 2 cm.

c) Wie viele Schnittpunkte haben beide Kreise?

2 ✪ Rechts ist ein Kreisring gezeichnet.

a) Aus wie vielen Kreisen besteht der Kreisring?

b) Welchen Punkt haben die Kreise gemeinsam?

c) Wie breit ist der Kreisring?

d) Zeichne einen Kreisring mit einer Breite von 2 cm.

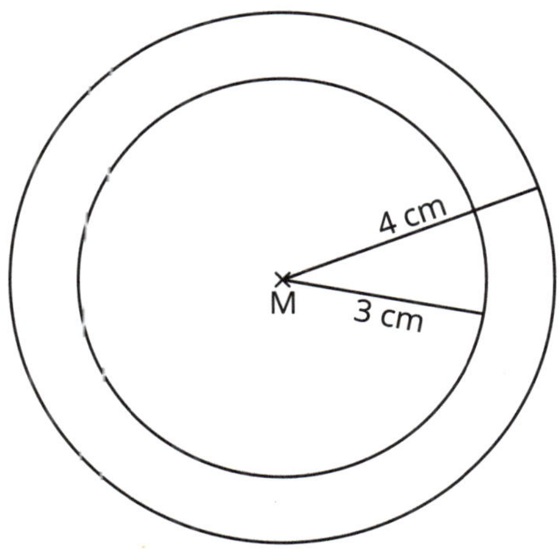

Überprüfe dich selbst

1 Wie heißen die Winkel?

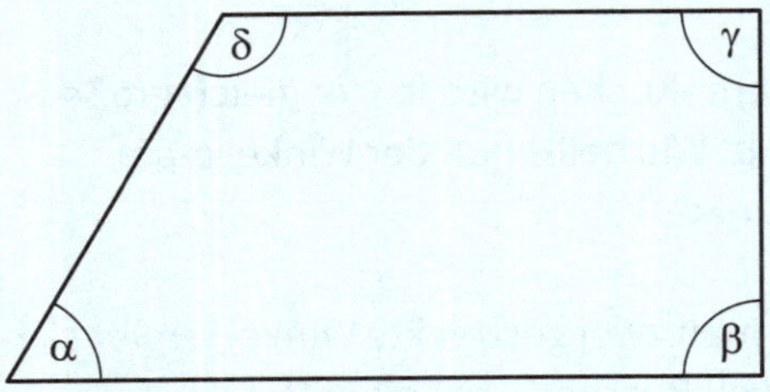

α: ______________ β: ______________

γ: ______________ δ: ______________

2 Rechts siehst du ein gleichschenkliges Dreieck.

a) Wie groß sind die Winkel?

α = ______°; β = ______°

γ = ______°

b) Welcher Winkel hat gleichlange Schenkel?

____

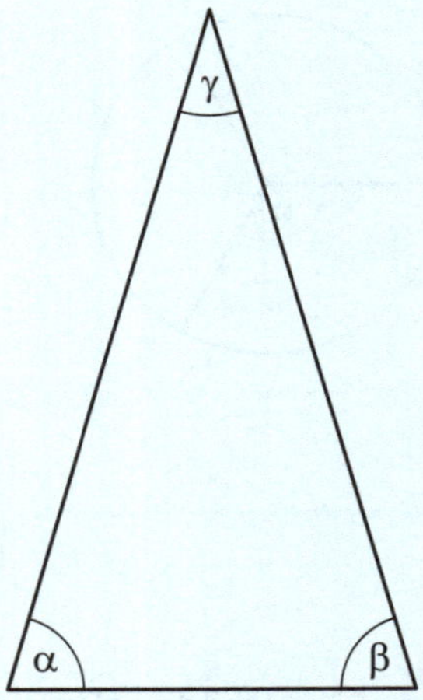

3 Zeichne einen Kreis mit dem Durchmesser 8 cm. Zeichne um den Mittelpunkt des ersten Kreises einen zweiten, dessen Radius halb so groß ist wie der vom ersten Kreis.

4 Ein Kompass zeigt die Himmelsrichtungen an.

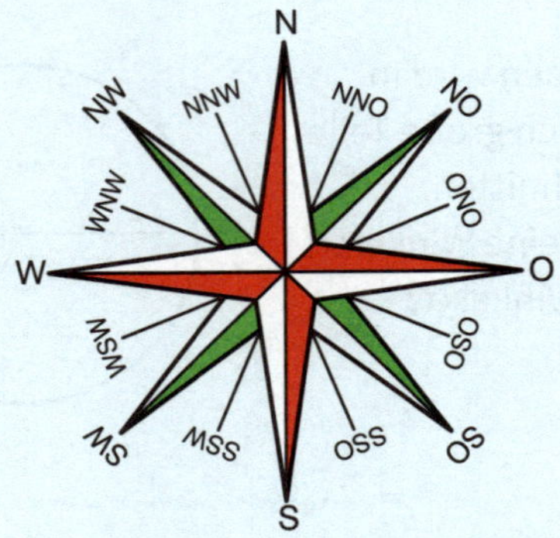

Wie groß ist der Winkel zwischen …

a) … SW und NW? ______________°

b) … NO und S? ______________°

c) … SW und NO? ______________°

5 Die Geraden a und b schneiden sich im Punkt S.

a) Wie groß ist der Schnittwinkel α? α = ______°

b) Bezeichne den gegenüberliegenden Winkel mit β und miss seine Größe. β = ______°

c) Vergleiche beide Winkel. Was fällt dir auf?

____

____

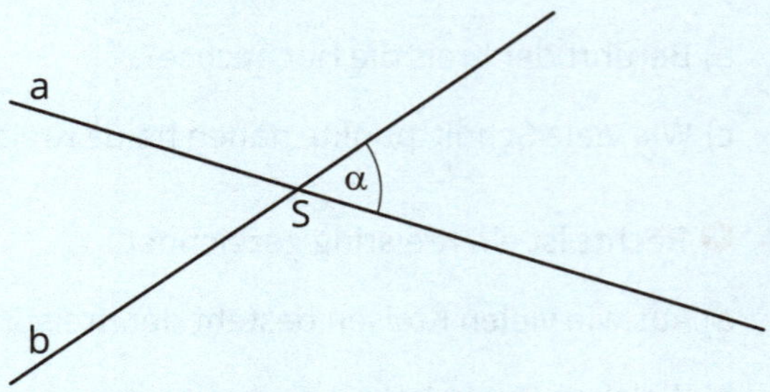

6 ✪ Die Flugbahn einer Rakete ähnelt dem Strahl f. Wie groß ist der Startwinkel ε zu einer Senkrechten durch S?

ε = ______°

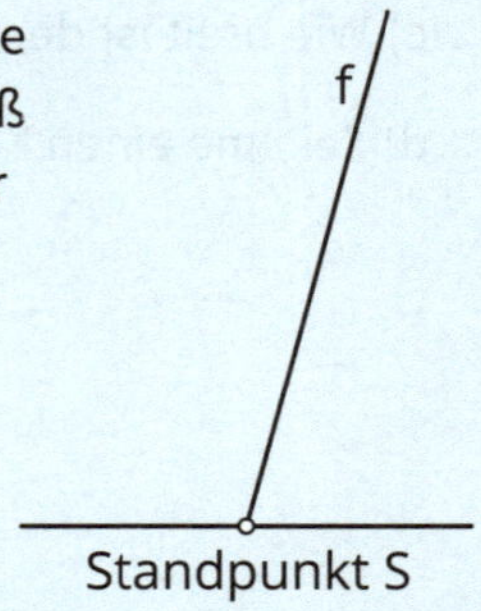

Achsensymmetrische Figuren und Achsenspiegelung

Merkkasten

Bei einer *Achsenspiegelung* wird eine Figur an einer Spiegelachse s gespiegelt. Es entsteht eine Bildfigur. Jeder Bildpunkt P′ der Bildfigur hat den gleichen Abstand zur Spiegelachse wie sein Originalpunkt P der Originalfigur.
Eine *achsensymmetrische Figur* wird an ihrer Spiegelachse auf sich selbst gespiegelt. Man nennt die Spiegelachse auch *Symmetrieachse*.

WEBCODE WES-121588-011

Beispiel

Achsenspiegelung

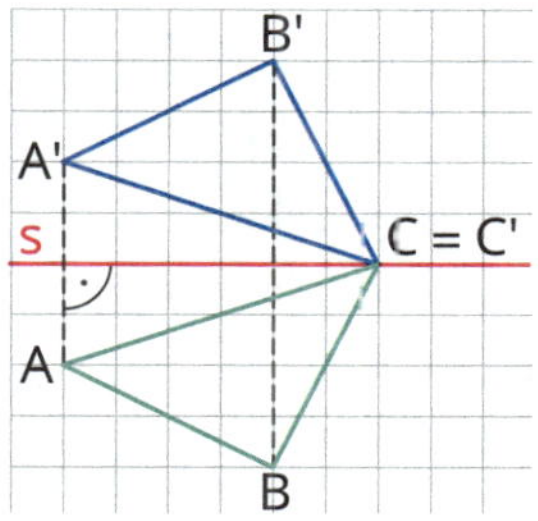

Achsensymmetrie

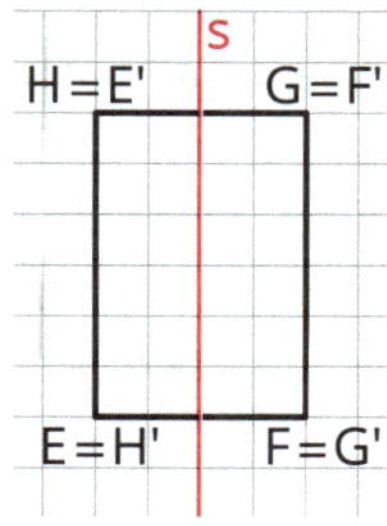

1 Spiegele die Figur an der Spiegelachse s.

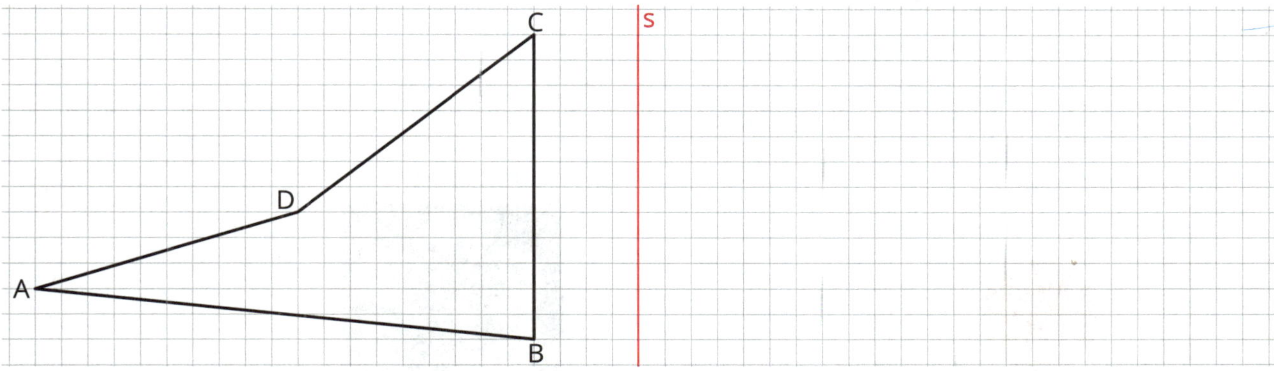

2 Zeichne alle Symmetrieachsen ein.

a) 

b) 

c) 

d) 

3 a) Ergänze zu einer achsensymmetrischen Figur.
b) Zeichne alle Symmetrieachsen ein.

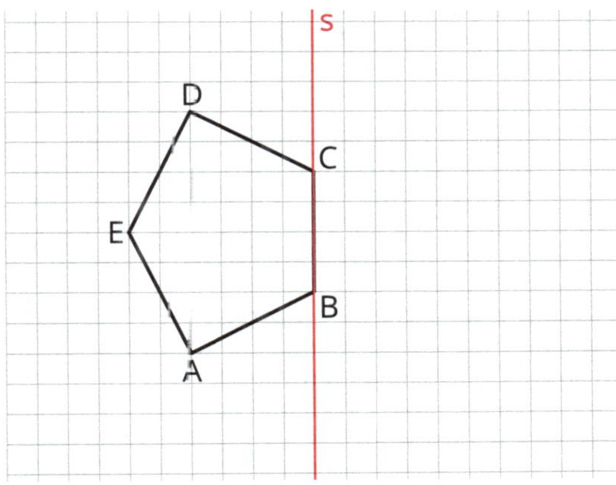

Punktsymmetrische Figuren

Merkkasten

Eine Figur heißt *punktsymmetrisch,* wenn sie an einem Punkt Z auf sich selbst gespiegelt ist.
Z nennt man *Symmetriezentrum.*
So prüfst du eine Figur auf Punktsymmetrie:
① Verbinde gegenüberliegende (Eck-)Punkte.
② Markiere den Schnittpunkt der Verbindungen mit Z.
③ Prüfe, ob Z alle Verbindungen halbiert.

WEBCODE WES-121588-012

Beispiel

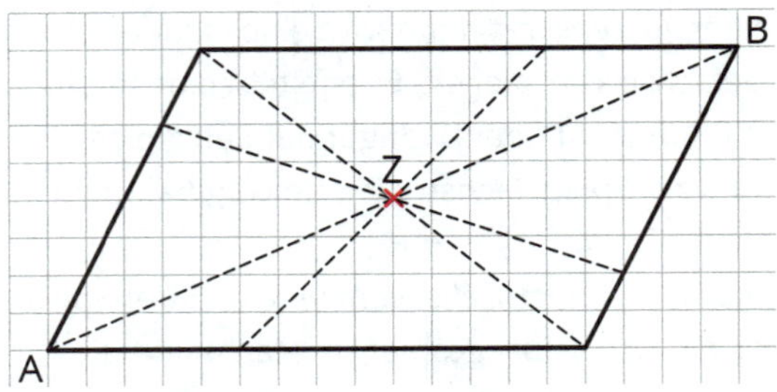

Z halbiert alle Verbindungen gegenüber liegender Punkte, z. B. $\overline{AB}$.

1 Alle Figuren bis auf eine sind punktsymmetrisch.

a) Zeichne jeweils das Symmetriezentrum Z ein.

b) Welche Figur ist nicht punktsymmetrisch? ______________________

Flagge von Japan

Schneeflocke

Verkehrszeichen: Vorfahrt gewähren

Sägeblatt

2 Prüfe die Vierecke auf Punktsymmetrie und kreuze an, ob die Aussagen wahr (w) oder falsch (f) sind.

a) Ein Quadrat ist punktsymmetrisch. w ☐ f ☐

b) Ein Rechteck ist punktsymmetrisch. w ☐ f ☐

c) Ein Parallelogramm ist punktsymmetrisch. w ☐ f ☐

d) Eine Raute ist punktsymmetrisch. w ☐ f ☐

e) Ein Trapez ist punktsymmetrisch. w ☐ f ☐

f) Ein Drachen ist punktsymmetrisch. w ☐ f ☐

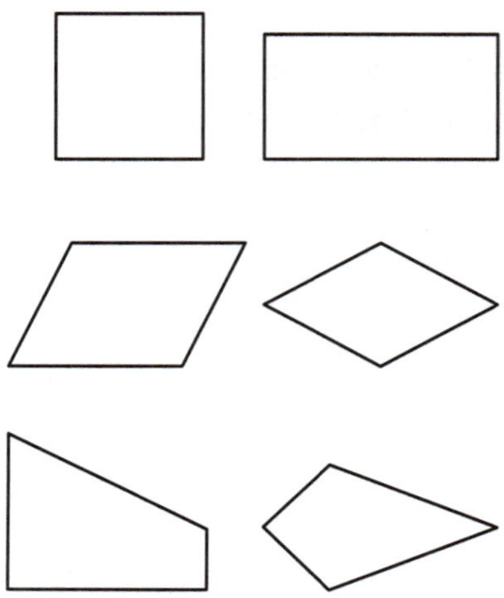

Punktspiegelung

Merkkasten

Bei einer *Punktspiegelung* wird eine Figur an einem Punkt Z gespiegelt. Es entsteht eine Bildfigur. So spiegelst du eine Figur am Punkt Z:

① Zeichne eine Gerade durch den Eckpunkt und Z.
② Miss die Länge zwischen beiden Punkten.
③ Trage sie auf der anderen Seite von Z auf einer Gerade ab und markiere dort den Bildpunkt.
④ Wiederhole 1. bis 3. mit den restlichen Ecken.

WEBCODE WES-121588-013

Beispiel

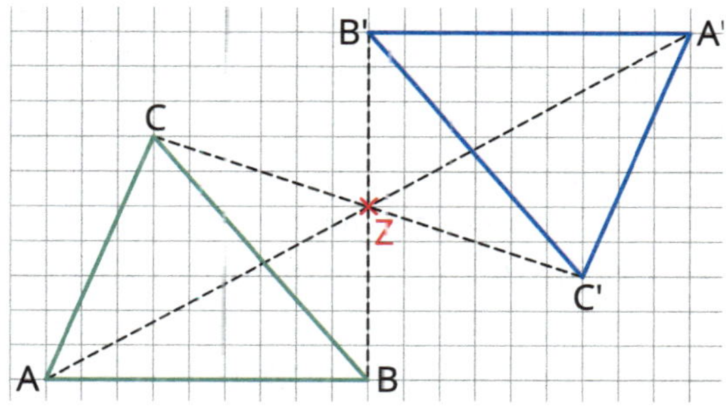

Z halbiert $\overline{AA'}$, $\overline{BB'}$ und $\overline{CC'}$.

1 Spiegele das Viereck ABCD an Punkt Z.

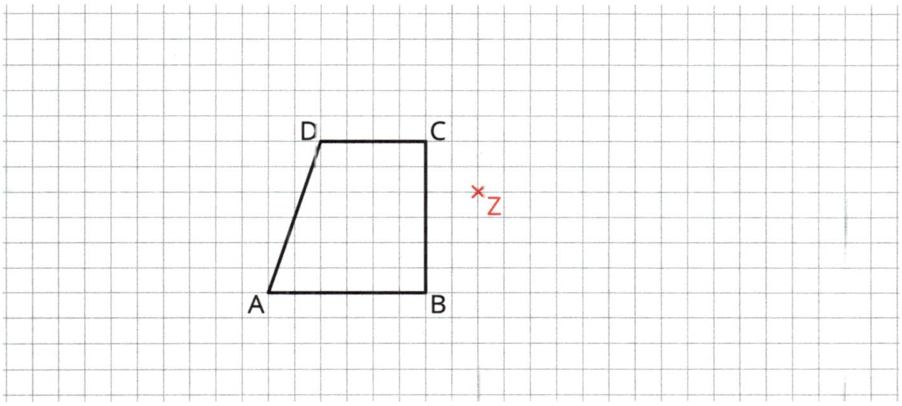

2 Mia hat das Viereck ABCD an Z gespiegelt. Sie ist mit ihrer Lösung nicht zufrieden.

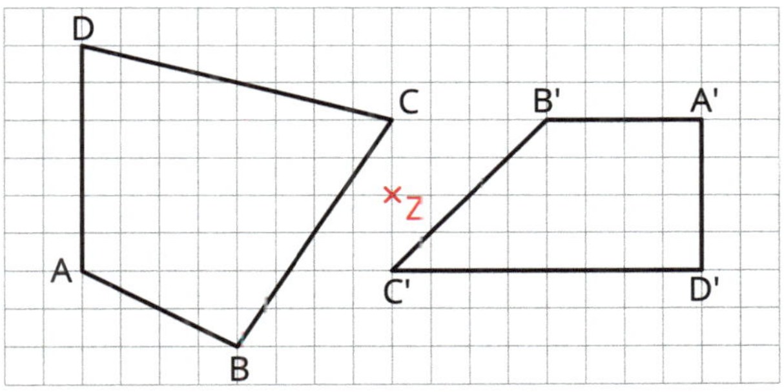

a) Welchen Fehler hat sie gemacht?

____

____

____

____

b) Korrigiere ihre Spiegelung.

3 Jemand hat die zwei Buchstaben **OT** gespiegelt, sodass die vier Buchstaben **OTTO** entstanden. Welche Art von Spiegelung liegt vor: Punkt- oder Achsenspiegelung? Begründe.

____

____

____

Drehung

Merkkasten

Bei einer *Drehung* wird eine Figur an einem Punkt Z um einen Winkel gedreht. Es entsteht eine Bildfigur. So drehst du eine Figur am Punkt Z:

① Verbinde eine Ecke mit Z.
② Zeichne den Drehwinkel mit dem Scheitelpunkt Z.
③ Zeichne einen Kreisbogen um Z mit dem Radius der Verbindung von Ecke und Z.
④ Der Schnittpunkt von Kreisbogen und Schenkel ist der Bildpunkt.
⑤ Wiederhole 1. bis 4. mit den restlichen Ecken.

WEBCODE WES-121588-014

Beispiel

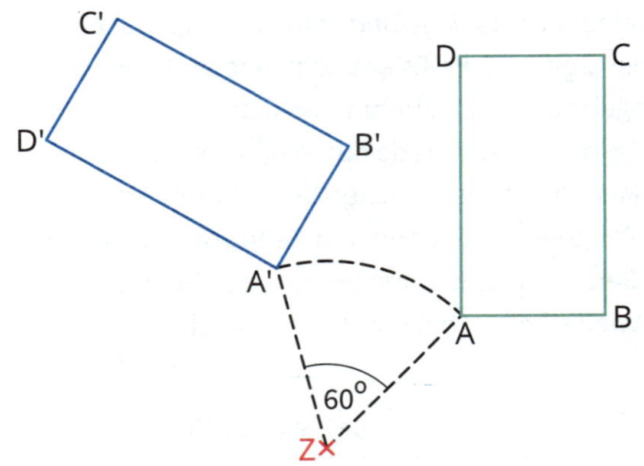

$\overline{AA'}$ ist der Kreisbogen um **Z** mit Radius $r = \overline{ZA} = \overline{ZA'}$.

1 Die Figuren sollen in Z jeweils um α gedreht werden. Miss α und vervollständige die Drehungen.

a) α = ______ °

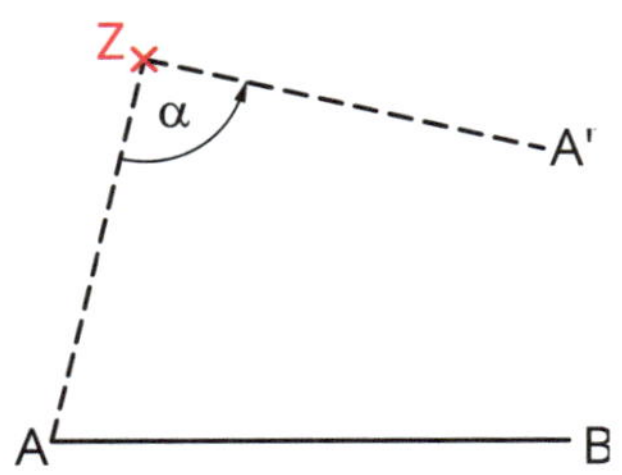

b) α = ______ °

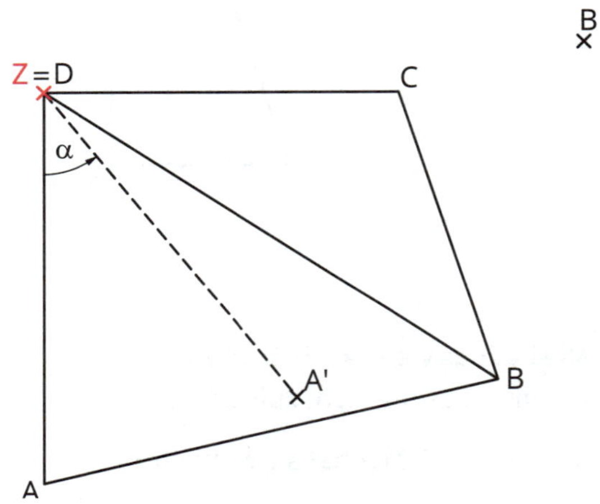

2 Bei Drehungen gilt in der Mathematik die Vereinbarung: Linksdrehung bzw. Drehung gegen den Uhrzeigersinn. Hennes hat das Dreieck ABC in B um α = 120° versehentlich rechts bzw. im Uhrzeigersinn gedreht. Korrigiere.

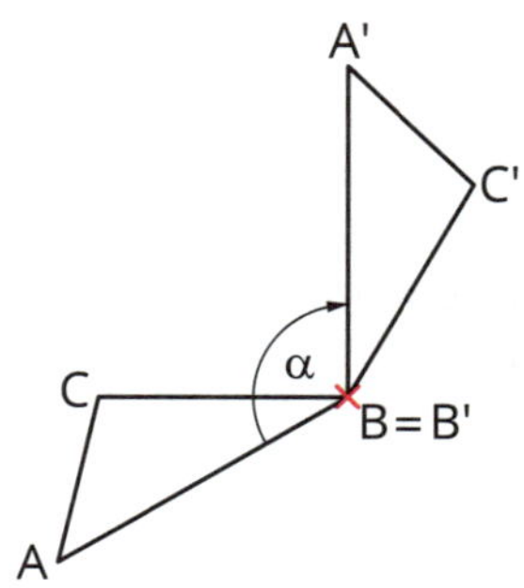

Drehsymmetrische Figuren

Merkkasten

Eine Figur heißt *drehsymmetrisch,* wenn sie nach Drehung an einem Punkt Z um einen bestimmten Drehwinkel wieder mit sich selbst zur Deckung kommt. Z nennt man *Symmetriezentrum.*

WEBCODE WES-121588-003

Beispiel

Dreht man das Dreieck an Z um 120°, wird es auf sich selbst abgebildet. α ist der kleinste Drehwinkel.

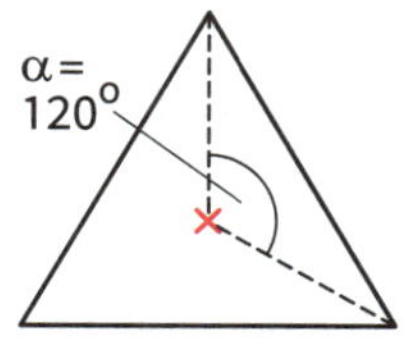

1 Alle Figuren bis auf eine sind drehsymmetrisch.

a) Zeichne jeweils das Symmetriezentrum Z ein und gib den kleinsten Drehwinkel an.

b) Welche Figur ist nicht drehsymmetrisch? ______________________

(1) Drehwinkel α = ____________ °

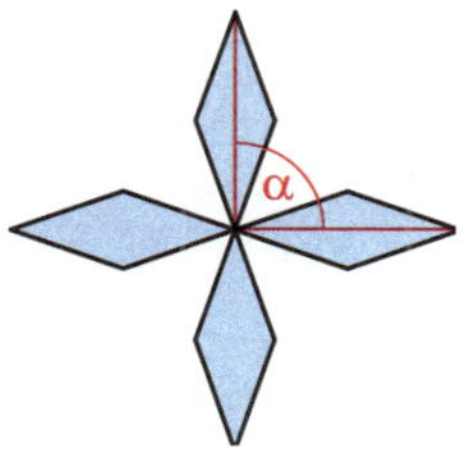

(2) Drehwinkel α = ____________ °

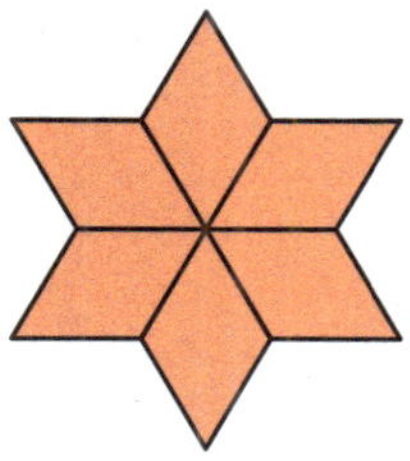

(3) Drehwinkel α = ____________ °

(4) Drehwinkel α = ____________ °

2 Das Rechteck in (1) ist drehsymmetrisch.

a) Wie groß ist der kleinste Drehwinkel?

α = ________ °

b) Spiegele das Rechteck in (2) am Punkt Z.

c) Ist das Rechteck in (2) punktsymmetrisch?

____

d) Vergleiche das gedrehte mit dem gespiegelten Rechteck. Was fällt dir auf?

____

____

(1)

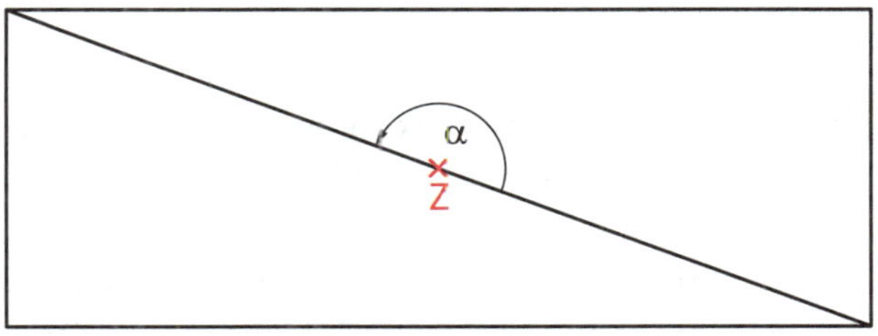

(2)

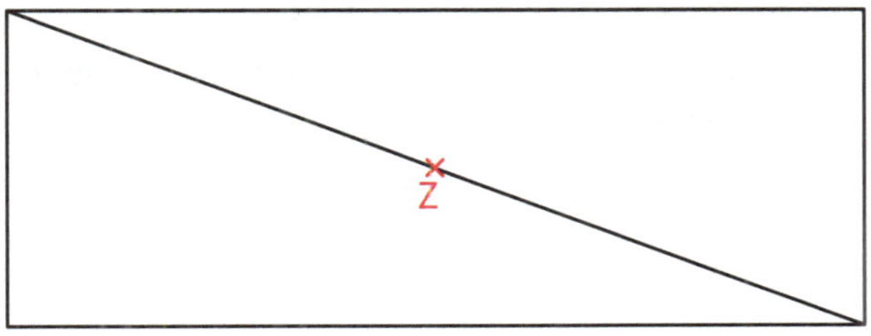

e) Vervollständige den Merksatz:

Ist ein Rechteck drehsymmetrisch mit dem Drehwinkel α = ________ °, ist es auch ______________ .

Verschiebung

Merkkasten

Bei einer *Verschiebung* wird eine Figur parallel zu einem Verschiebungspfeil verschoben. Es entsteht eine Bildfigur.

So verschiebst du eine Figur:

① Zeichne von A einen Pfeil, der parallel und gleich lang wie der Verschiebungspfeil ist.

② Bezeichne die Spitze des Pfeils mit Bildpunkt A′.

③ Wiederhole 1. bis 2. mit den restlichen Ecken.

WEBCODE WES-121588-016

Beispiel

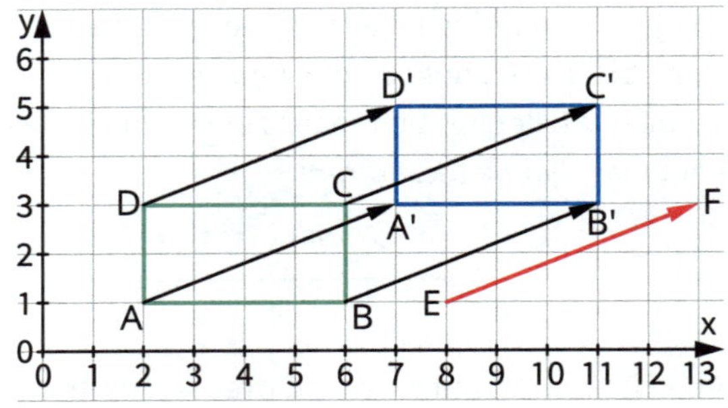

$\overrightarrow{AA'}$, $\overrightarrow{BB'}$, $\overrightarrow{CC'}$ und $\overrightarrow{DD'}$ sind parallel und gleich lang wie der Verschiebungspfeil $\overrightarrow{EF}$ [E(8|1), F(13|3)].

1 Verschiebe die Figur mit dem angegebenen Verschiebungspfeil.

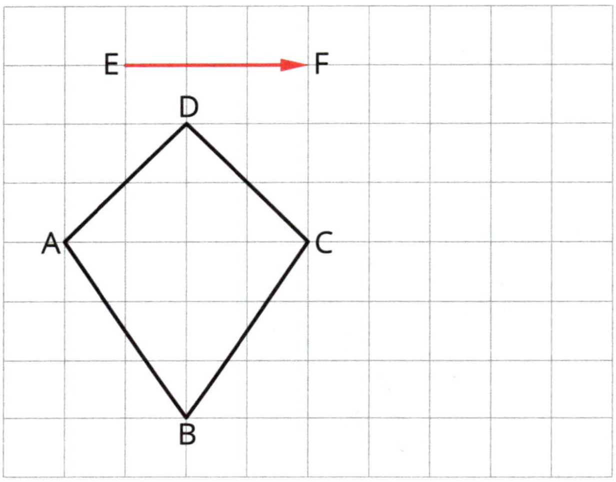

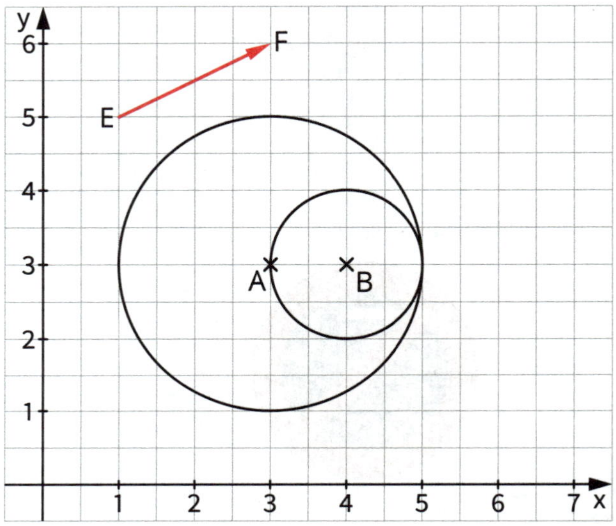

2 Rita kann bei einer Verschiebung die Bildpunkte einer Figur auch ohne parallele und gleich lange Pfeile markieren:
„Ich zähle beim Verschiebungspfeil die Kästchen in Richtung der Rechts- und Hochachse: 2 Kästchen nach rechts und 1 Kästchen nach unten."
Den Bildpunkt A′ hat sie schon markiert.
Vervollständige die angefangene Verschiebung mit Ritas Idee.

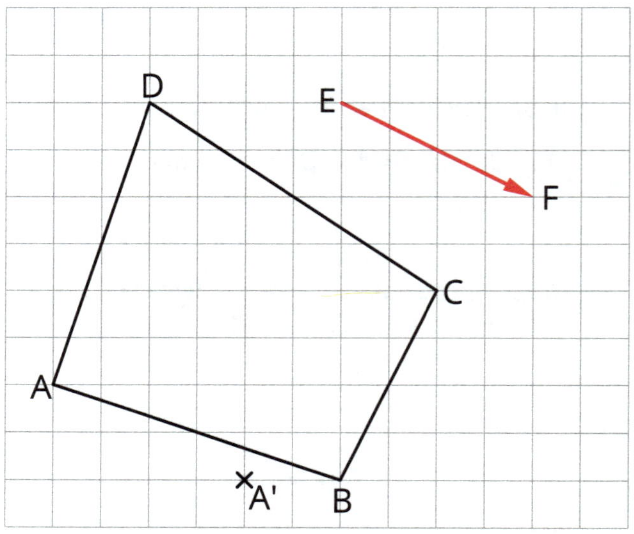

Argumentieren

Tipp

Tipps zum Argumentieren

So kannst du eine Aussagen widerlegen:

① Finde ein Gegenbeispiel:
- Aussage: Bei einer Achsenspiegelung liegt die Spiegelachse *immer außerhalb* der Figur.
- Gegenbeispiel: Spiegele das Rechteck ABCD an der Spiegelachse durch A und B.
- Weil im Gegenbeispiel die Spiegelachse durch die Rechteckseite $\overline{AB}$ verläuft, ist die Aussage falsch.

② Finde Fehler mithilfe einer Zeichnung.

③ Formuliere verständliche und nachvollziehbare Gründe, die gegen die Aussage sprechen.

1 Ein Drachen ist punktsymmetrisch.

a) Überprüfe die Aussage mit den beiden Beispielen.

b) Widerlegst oder bestätigst du die Aussage?

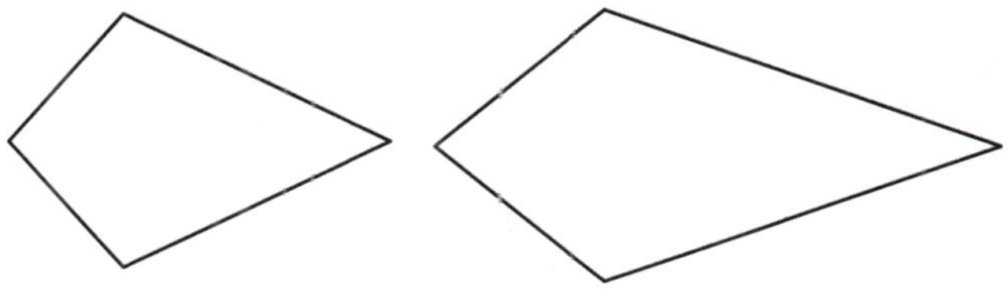

____

2 Das regelmäßige Sechseck ist drehsymmetrisch um Z. Der kleinste Drehwinkel beträgt $\alpha = 180°$!

a) Finde den Fehler in der Aussage mithilfe der Zeichnung.

b) Welcher Drehwinkel ist vermutlich der kleinste?

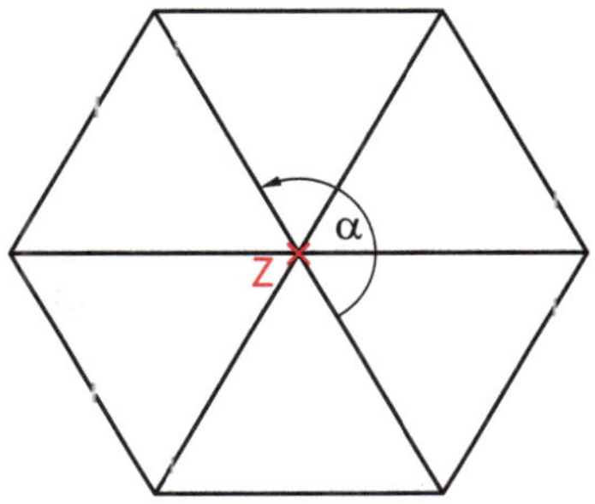

____

c) Vervollständige die Begründung:

Das Sechseck hat ____ gleichgroße Innenwinkel mit Z als gemeinsamen Scheitelpunkt. Die 6 ____________ ergeben einen Vollwinkel von ____°. Ein Innenwinkel hat somit ____°. Der Drehwinkel von ____° ist der kleinste, mit dem das Sechseck wieder mit sich selbst zur Deckung kommt.

3 Das Viereck ABCD ist mit dem Verschiebungspfeil $\overrightarrow{EF}$ auf das Viereck A'B'C'D' verschoben!

a) Ist die Aussage wahr oder falsch?

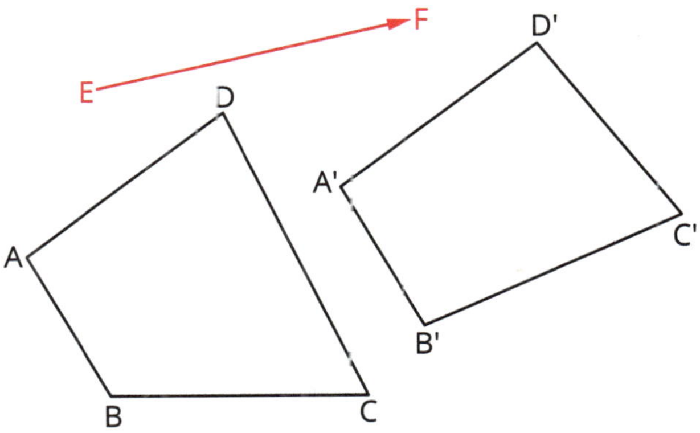

____

b) Begründe deine Antwort:
Zeichne Pfeile zwischen Punkt und Bildpunkt. Prüfe, ob sie parallel und gleich lang sind wie der Verschiebungspfeil.

____

Achsensymmetrische Figuren und Achsenspiegelung (Seite 19)

1 Spiegele das Viereck A(2|1), B(6|2), C(6|4) und D(2|3) an der Spiegelgeraden s durch die Punkte E(2|4) und F(6|5).

2 Thomas zeichnet alle Symmetrieachsen in einen Kreis. Mona sagt: „Das sind nicht alle!“
Zeichne noch 4 weitere ein.

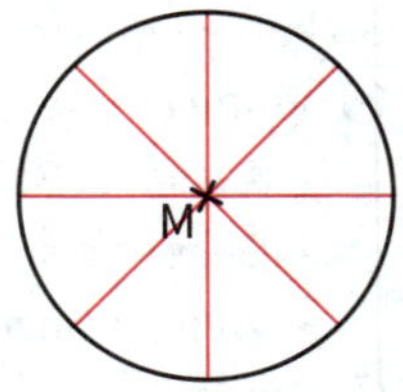

Punktsymmetrische Figuren (Seite 20)

1 Prüfe, ob die Figur punktsymmetrisch ist.

2 Zeichne zu den zwei Dreiecken zwei weitere mit derselben Form, sodass wieder eine punktsymmetrische Figur entsteht. Eine Seite eines Dreiecks ist schon gestrichelt gezeichnet.

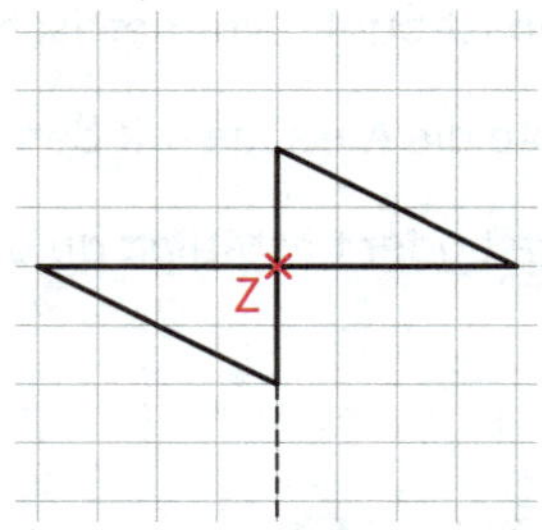

Punktspiegelung (Seite 21)

1 Welcher Fehler wurde bei der Spiegelung von P an Z gemacht?

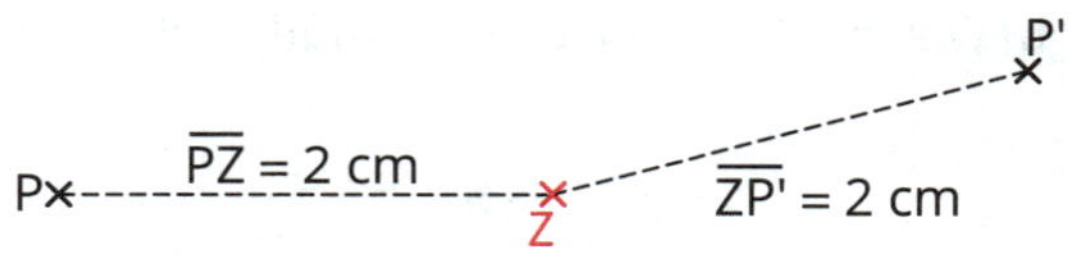

Drehung (Seite 22)

1 Drehe ein Quadrat im Schnittpunkt seiner Diagonalen um $\alpha = 45°$.

2 Worauf wird das Viereck ABCD gedreht, wenn man es in A um $\alpha = 360°$ dreht?

Drehsymmetrische Figuren (Seite 23)

1 Gesucht ist der Drehwinkel α.
a) Miss den Winkel α.
b) Das 5-fache von α ergibt 360°. Berechne α und vergleiche mit der Messung.

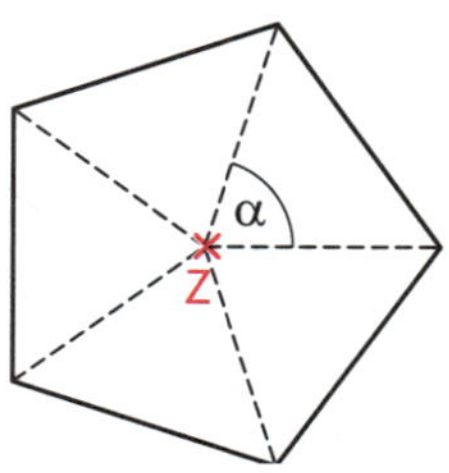

2 Der kleinste Drehwinkel beträgt 180°! Prüfe die Aussage und korrigiere wenn nötig.

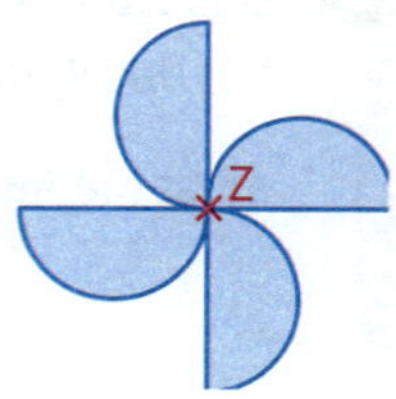

Verschiebung (Seite 24)

1 Verschiebe das Dreieck A(1|0), B(4|1), C(2|4) mit dem Verschiebungspfeil $\overrightarrow{EF}$ [E(3|5), F(5|5)].

2 ✪ A(3|1) wird mit $\overrightarrow{EF}$ [E(3|0)] nach A'(1|4) verschoben. Welche Koordinaten hat F?

Überprüfe dich selbst

1 Das Quadrat und das Rechteck sind punkt- und achsensymmetrisch. Zeichne jeweils Symmetrieachsen und Symmetriezentrum ein.

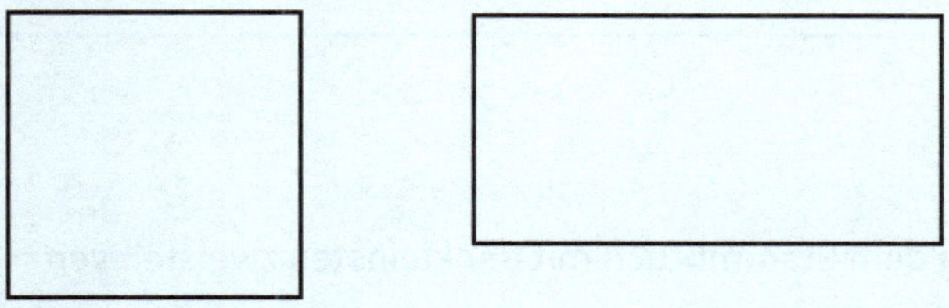

2 Zeichne die Symmetrieachsen in das jeweilige Wort.

Ebbe **EBBE** **OHO**

3 Prüfe an den Buchstaben, ob sie punktsymmetrisch sind. Wenn ja, zeichne das Symmetriezentrum ein.

N A C X R S

4 ✪ Prüfe mit den Eckpunkten des Dreiecks ABC, ob es punktsymmetrisch zu Z ist.

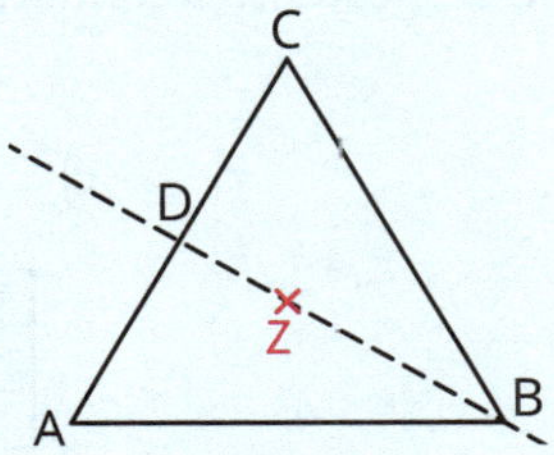

5 Spiegele das Trapez ABCD an der Spiegelachse s.

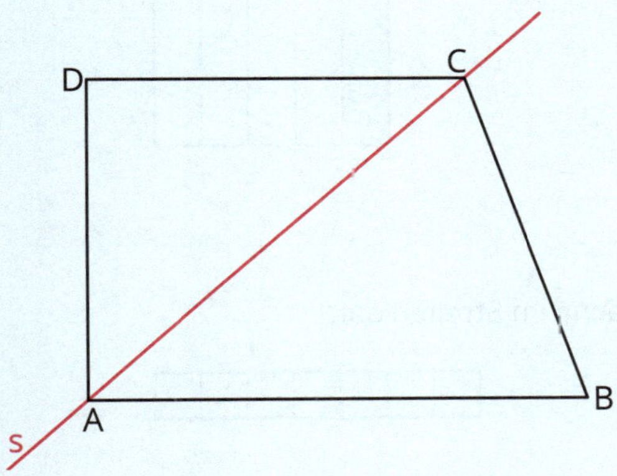

6 ✪ Warum wird bei der Drehsymmetrie ein Drehwinkel von α = 360° ausgeschlossen?

7 ✪ Schreibe einen Aufgabentext zu der Zeichnung.

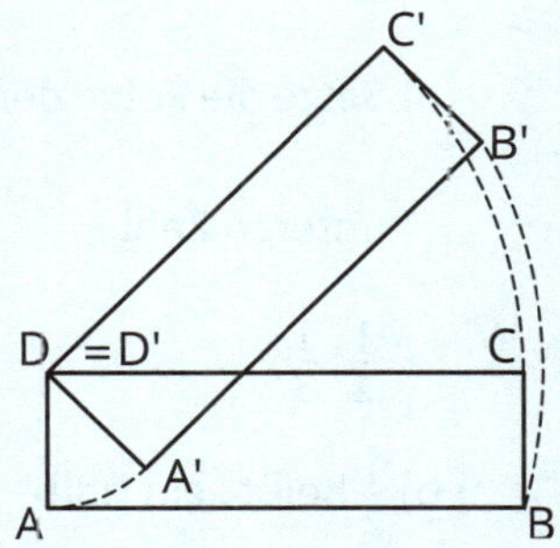

8 Wie entstehen die Figuren 2 bis 4?

Figur 2: ____

Figur 3: ____

Figur 4: ____

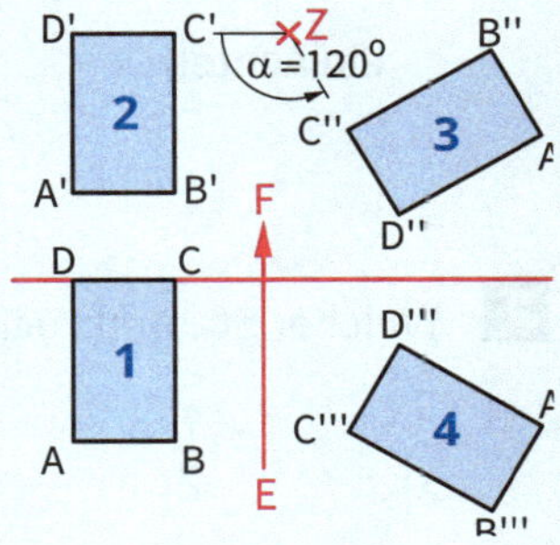

9 Das Produkt aus Anzahl der „Blüterblätter" und Drehwinkel ergibt 360°. Wie groß ist der Drehwinkel α?

α = ____ °

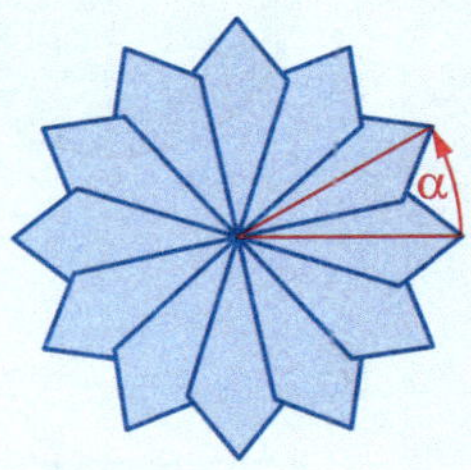

10 Zwei Punkte sind falsch gedreht. Welche?

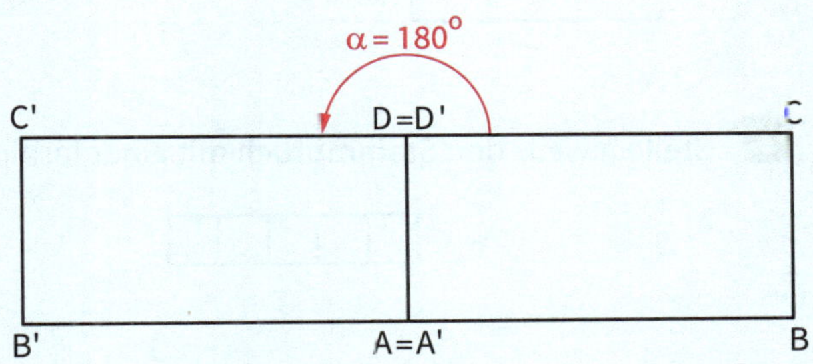

Stammbruch

Merkkasten

Ein *Stammbruch* gibt einen Anteil von einem Ganzen an. Das Ganze ist in gleichgroße Teile zerlegt.

WEBCODE WES-121588-017

Beispiel

$\frac{1}{3}$ bedeutet: 1 Anteil von 3 gleich großen Teilen.

$\frac{1}{9}$ bedeutet: 1 Anteil von 9 gleich großen Teilen.

1 Die ersten zwei Stammbrüche lauten $\frac{1}{2}$ und $\frac{1}{3}$.

a) Setze die Folge der Stammbrüche $\frac{1}{2}; \frac{1}{3}; \ldots$ fort bis zu dem Stammbruch mit der kleinsten zweistelligen unteren Zahl.

$\frac{1}{2}; \frac{1}{3};$ ______________________________

b) $\frac{1}{2}$ heißt „ein Halb“ und $\frac{1}{3}$ heißt „ein Drittel“. Ordne jeweils dem Namen seinen Stammbruch zu.

ein Viertel: ______	ein Fünftel: ______	ein Sechstel: ______	ein Siebtel: ______
ein Achtel: ______	ein Neuntel: ______	ein Zehntel: ______	ein Elftel: ______

2 Welcher Stammbruch wird mit der grau unterlegten Fläche dargestellt? Orientiere dich am Beispiel a).

a) $\frac{1}{2}$

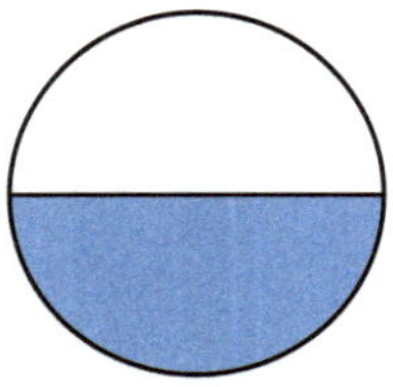

b) ______

c) ______

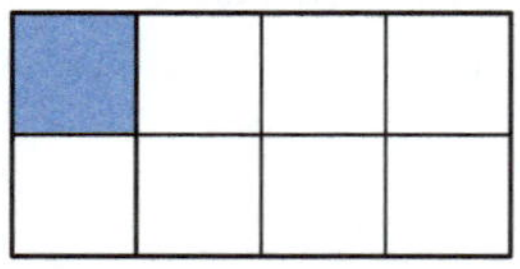

d) ______

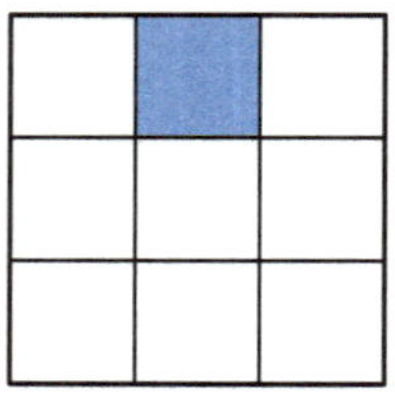

e) ______

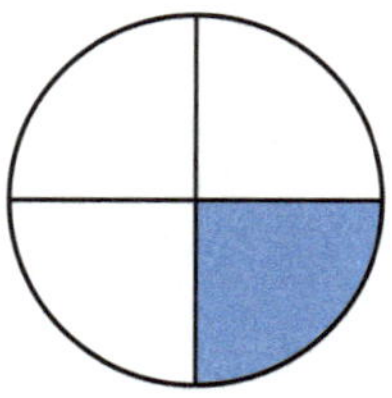

f) ______

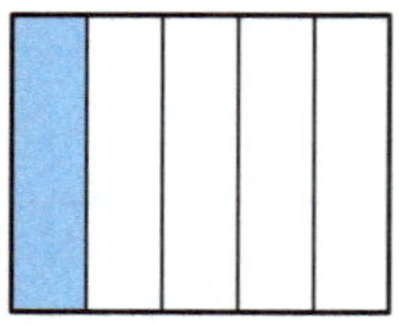

3 Stelle jeweils den Stammbruch mit einer farblich unterlegten Fläche im Streifen dar.

a) $\frac{1}{5}$

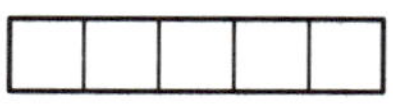

b) $\frac{1}{7}$

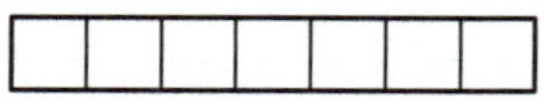

Bruchteile vom Ganzen

Merkkasten

Mit einem *Bruch* werden die Anteile von einem Ganzen angegeben, das in gleich große Teile zerlegt ist. Ein Bruch besteht aus einem Zähler, Nenner und dem waagerechten Bruchstrich:

- Der Zähler zählt die Anteile.
- Der Nenner gibt die Gesamtzahl der Teile an.

WEBCODE WES-121588-018

Beispiel

$\frac{3}{4}$: 3 Anteile von 4 gleich großen Teilen

$\frac{5}{8}$: 5 Anteile von 8 gleich großen Teilen

$\frac{12}{17}$: 12 Anteile von 17 gleich großen Teilen

1 Brüche werden so ähnlich gelesen wie Stammbrüche: z. B. heißt $\frac{3}{4}$ drei Viertel. Schreibe unter dem Bruch seinen korrekten Namen.

a) $\frac{2}{3}$ ______ b) $\frac{2}{4}$ ______ c) $\frac{5}{6}$ ______ d) $\frac{7}{8}$ ______

e) $\frac{4}{9}$ ______ f) $\frac{6}{10}$ ______ g) $\frac{3}{5}$ ______ h) $\frac{2}{11}$ ______

2 Welcher Bruch wird mit der grau unterlegten Fläche dargestellt?

a) ______

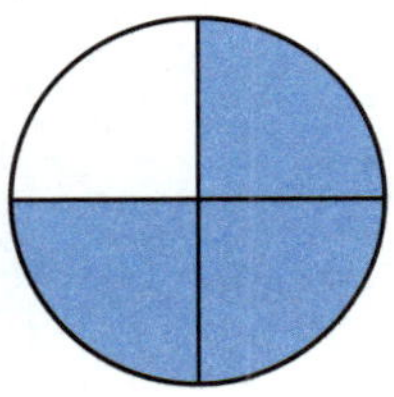

b) ______

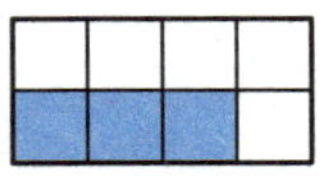

c) ______

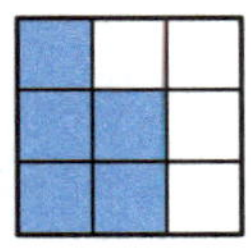

d) ______

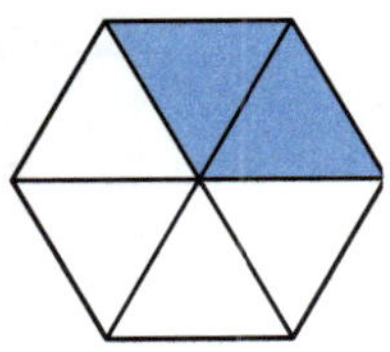

e) ______

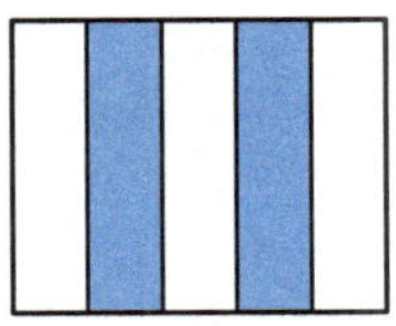

f) ______

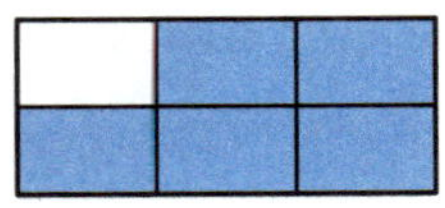

3 Stelle jeweils den Bruch mit einer farblich unterlegten Fläche im Streifen dar.

a) $\frac{3}{5}$

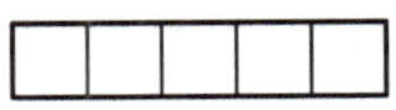

b) $\frac{5}{8}$

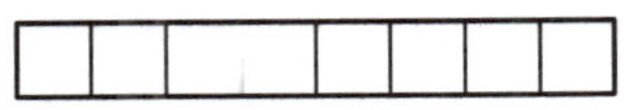

4 Alex sagt: „Ich teile ein Ganzes in fünf gleich große Teile und nehme davon zwei Stück." Stelle seinen Anteil als Bruch dar.

______

Bruchteile von Größen

Merkkasten

So berechnest du Bruchteile von Größen, z. B. von Längen oder Gewichten:
① Teile die Größe durch den Nenner.
② Multipliziere das Ergebnis mit dem Zähler.
Bei Stammbrüchen entfällt Schritt 2.

WEBCODE WES-121588-019

Beispiel

gesucht: $\frac{3}{4}$ von 12 kg

Lösung: ① 12 kg : 4 = 3 kg ② 3 kg · 3 = 9 kg

Ergebnis: $\frac{3}{4}$ von 12 kg sind 9 kg

1 Berechne die Bruchteile von den Größen.

a) $\frac{1}{5}$ von 10 m

1. ______

2. ______

$\frac{1}{5}$ von 10 m sind ______ m.

b) $\frac{3}{5}$ von 20 kg

1. ______

2. ______

$\frac{3}{5}$ von 20 kg sind ______ kg.

c) $\frac{5}{6}$ von 60 min

1. ______

2. ______

$\frac{5}{6}$ von 60 min sind ______ min.

2 Wie groß ist der Bruchteil der angegebenen Größe?

a) $\frac{3}{4}$ von 1 m

1 m sind ______ cm

1. ______

2. ______

$\frac{3}{4}$ von 1 m sind ______ cm.

b) $\frac{4}{7}$ von 2 kg 100 g

2 kg 100 g sind ______ g

1. ______

2. ______

$\frac{4}{7}$ von 2 kg 100 g sind ______ g.

c) $\frac{2}{9}$ von 1,8 €

1,8 € sind ______ Cent

1. ______

2. ______

$\frac{2}{9}$ von 1,8 € sind ______ Cent.

3 Melanie spart $\frac{2}{5}$ von ihrem wöchentlichen Taschengeld von 10 € für ein neues Smartphone.

a) Wie viel Euro spart sie jede Woche? ______

b) Über wie viel gesparte Euro verfügt Melanie nach 10 Wochen? ______

c) Diese Woche möchte sie gerne ins Kino gehen. Der Eintritt kostet 5,50 €. Reicht ihr restliches Taschengeld für den Kinobesuch aus? Begründe mit einer Rechnung.

______

Bruchteile vergleichen

Merkkasten

So vergleichst du zwei Brüche:
① Prüfe, ob die Nenner oder die Zähler gleich sind.
② Wenn die Nenner gleich sind: Der Bruch mit dem **kleineren Zähler** ist der kleinere Bruch.
③ Wenn die Zähler gleichsind: Der Bruch mit dem **größeren Nenner** ist der kleinere Bruch.

WEBCODE WES-121588-020

Beispiel

$\frac{1}{4}$ und $\frac{3}{4}$:
① Nenner sind gleich: $4 = 4$!
② Weil $1 < 3$ gilt auch $\frac{1}{4} < \frac{3}{4}$

$\frac{5}{8}$ und $\frac{5}{7}$:
① Zähler sind gleich: $5 = 5$!
③ Weil $\frac{1}{8} < \frac{1}{7}$, sind auch $\frac{5}{8} < \frac{5}{7}$

1 Vervollständige die Lücken in den Texten mithilfe der jeweiligen Zeichnung.

a) **Gleiche Nenner**

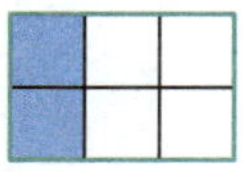 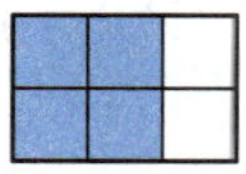

Jedes Ganze ist in **sechs gleichgroße Teile** zerlegt. Weil ________ gleichgroße Teile links kleiner sind als vier gleichgroße rechts, gilt: $\frac{2}{6}$ ________ $\frac{4}{6}$.

b) **Gleiche Zähler**

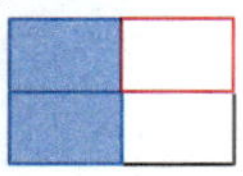 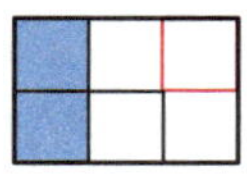

Das Ganze links ist in vier, das Ganze rechts in ________ gleichgroße Teile zerlegt. Weil **ein Anteil** links größer ist **ein Anteil** rechts, sind **zwei Anteile** inks größer als **zwei** von rechts. Es gilt: $\frac{2}{4}$ ________ $\frac{2}{6}$.

2 Vergleiche die Brüche mit gleichem Nenner und setze in die Lücke < oder > ein.

a) $\frac{2}{5}$ ____ $\frac{4}{4}$, weil 2 ____ 4.
b) $\frac{3}{7}$ ____ $\frac{6}{7}$, weil 3 ____ 6.
c) $\frac{7}{8}$ ____ $\frac{4}{8}$, weil 7 ____ 4.
d) $\frac{5}{6}$ ____ $\frac{6}{6}$, weil 5 ____ 6.

3 Vergleiche die Brüche mit gleichem Zähler und setze in die Lücke < oder > ein.

a) $\frac{3}{4}$ ____ $\frac{3}{7}$, weil $\frac{1}{4}$ ____ $\frac{1}{7}$.
b) $\frac{2}{3}$ ____ $\frac{2}{4}$, weil $\frac{1}{3}$ ____ $\frac{1}{4}$.
c) $\frac{5}{9}$ ____ $\frac{5}{6}$, weil $\frac{1}{9}$ ____ $\frac{1}{6}$.
d) $\frac{6}{9}$ ____ $\frac{6}{8}$, weil $\frac{1}{9}$ ____ $\frac{1}{8}$.

4 Vergleiche die Brüche und setze in die Lücke < oder > ein.

a) $\frac{2}{3}$ ____ $\frac{1}{3}$
b) $\frac{1}{5}$ ____ $\frac{1}{8}$
c) $\frac{2}{8}$ ____ $\frac{2}{6}$
d) $\frac{3}{7}$ ____ $\frac{6}{7}$
e) $\frac{1}{2}$ ____ $\frac{1}{4}$
f) $\frac{3}{4}$ ____ $\frac{3}{5}$

Gemischte Zahlen

Merkkasten

Ein Bruch, dessen Zähler größer als der Nenner ist, kann man auch als gemischte Zahl schreiben.

So wandelst du einen Bruch in eine gemischte Zahl um:
① Prüfe, ob der Zähler größer als der Nenner ist.
② Teile den Zähler durch den Nenner und schreibe das Ergebnis als Summe aus natürlicher Zahl und einem Bruch.

So wandelst du eine gemischte Zahl in einen Bruch um:
Multipliziere natürliche Zahl mit Nenner und addiere zum Ergebnis den Zähler.

WEBCODE WES-121588-021

Beispiel

a) $\frac{3}{2} = 1\frac{1}{2}$

① $3 > 2$

② $3 : 2 = 1$ Rest $1 = 1 + 1 : 2 = 1 + \frac{1}{2} = 1\frac{1}{2}$

Umgekehrt: $1\frac{1}{2} = \frac{1 \cdot 2 + 1}{2} = \frac{3}{2}$

b) $\frac{7}{3} = 2\frac{1}{3}$

① $7 > 3$

② $7 : 3 = 2$ Rest $1 = 2 + 1 : 3 = 2 + \frac{1}{3} = 2\frac{1}{3}$

Umgekehrt: $2\frac{1}{3} = \frac{2 \cdot 3 + 1}{3} = \frac{7}{3}$

1 Wandele den Bruch in eine gemischte Zahl um.

a) $\frac{7}{2} = 3$ ___

① 7 ___ 2

② 7 : 2 = 3 Rest ___

b) $\frac{11}{3} =$ ___

① 11 ___ 3

② 11 : 3 = ___

c) $\frac{24}{5} =$ ___

① ___

② ___

2 Wandele die gemischte Zahl in einen Bruch um.

a) $4\frac{1}{3} = \frac{4 \cdot 3 + \_\_\_}{\_\_\_} =$ ___

b) $3\frac{5}{8} =$ ___ = ___

c) $7\frac{3}{4} =$ ___ = ___

d) $2\frac{1}{2} =$ ___ = ___

e) $4\frac{3}{5} =$ ___ = ___

f) $5\frac{2}{6} =$ ___ = ___

3 Vervollständige die Lücken.

a) $2\frac{\_\_\_}{3} = \frac{8}{\_\_\_}$

b) $5\frac{\_\_\_}{\_\_\_} = \frac{34}{6}$

c) $\frac{\_\_\_}{7} = \frac{25}{\_\_\_}$

d) $2\frac{1}{\_\_\_} = \frac{\_\_\_}{2}$

e) $\frac{\_\_\_}{9} = \frac{13}{\_\_\_}$

f) $\frac{\_\_\_}{4} = \frac{23}{\_\_\_}$

Stammbruch (Seite 28)

1 Schreibe die ersten fünf Stammbrüche auf, deren Nenner durch 3 teilbar sind.

2 Eine Pizza wird für fünf Personen in gleichgroße Stücke zerlegt. Welchen Anteil bekommt jede?

Bruchteile vom Ganzen (Seite 29)

1 Gib die Bruchteile an.

a) 2 von 3 b) 4 von 7 c) 9 von 12

2 Wie viele Bruchteile fehlen noch zum Ganzen?

a) $\frac{1}{3}$ b) $\frac{2}{3}$ c) $\frac{3}{4}$ d) $\frac{7}{9}$

Bruchteile von Größen (Seite 30)

1 Wie viel sind es?

a) $\frac{2}{3}$ von 90 € b) $\frac{3}{5}$ von 250 g c) $\frac{1}{7}$ von 2,1 t

2 $\frac{2}{5}$ von 60 €? Erst $2 \cdot 60$ € rechnen, dann das Ergebnis .... Was meinst du zu dem Rechenweg?

Bruchteile vergleichen (Seite 31)

1 Setze <, > oder = in die Lücke.

a) $\frac{3}{2} \;\square\; \frac{3}{3}$ b) $\frac{5}{6} \;\square\; \frac{9}{6}$ c) $\frac{3}{2} \;\square\; \frac{2}{3}$ d) $\frac{7}{7} \;\square\; \frac{5}{5}$

2 Ist $2\frac{2}{3}$ genauso groß wie $3\frac{1}{2}$? Wandele in Brüche um und vergleiche.

3 Gilt $\frac{1}{2} = \frac{2}{4}$? Prüfe die Aussage, indem du in den richtigen Kreis den Anteil zeichnest und beide Kreisanteile vergleichst.

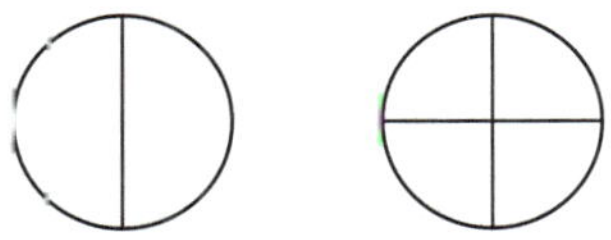

4 Überprüfe die Aussagen.

a) $\frac{1}{2}$ Meter ist genauso groß wie 50 cm!

b) $\frac{3}{4}$ Stunde dauert länger als 45 min!

c) ✪ $\frac{1}{60}$ Stunde ist eine Minute lang!

Gemischte Zahlen (Seite 32)

1 Wandele in einen Bruch um.

a) $3 + \frac{2}{3}$ b) $5\frac{6}{7}$ c) $15\frac{1}{10}$

d) $20\frac{20}{20}$ e) $4\frac{3}{11}$ f) $7\frac{5}{9}$

2 Wandele in eine gemischte Zahl um.

a) $\frac{9}{8}$ b) $\frac{30}{4}$ c) $\frac{50}{9}$

d) $\frac{121}{30}$ e) $\frac{38}{8}$ f) $\frac{57}{10}$

Überprüfe dich selbst

1 Obelix hat die 800g schwere Torte „gerecht“ aufgeteilt.
Wie viel g bekommt jeder?

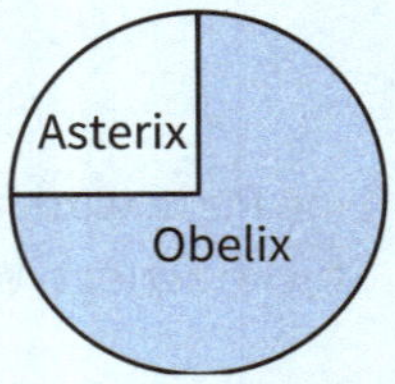

2 Jens möchte 2 Pizzen gerecht auf 3 Freunde aufteilen. Er überlegt: Bei 2 Freunden bekommt jeder eine Hälfte von 2 Pizzen, bei 3 Freunden jeder ein

__________ von 2 Pizzen.

a) Vervollständige den Text.

b) Welchen Bruchteil der 2 Pizzen bekommt jeder der drei Freunde?

3 ✪ 9 von 10 Schülerinnen und Schülern der sechsten Klassen (insgesamt 70 Kinder) haben ein eigenes Smartphone. Wie viele Kinder sind es?

4 Nach einem Mathe-Wettkampf in der 6b bekommen die ersten drei Gewinner einen Anteil von 24 gleichgroßen Stücken einer Schokolade:

a) Petra bekommt die Hälfte, das sind ____ Stücke.

b) Jan bekommt ein Drittel, das sind ____ Stücke.

c) Tim bekommt den Rest, das sind ____ Stücke.

5 Auf einem 1000 g-Glas mit Nussnougatcreme steht:
„$\frac{1}{4}$ geschenkt!“ Wie viel g sind das?

6 Überprüfe die Vergleiche und korrigiere wenn nötig.

a) $\frac{1}{2} > \frac{1}{3}$ Korrektur: ____

b) $\frac{3}{5} < \frac{2}{5}$ Korrektur: ____

c) $\frac{12}{8} > \frac{7}{8}$ Korrektur: ____

d) $\frac{7}{3} = 2\frac{1}{3}$ Korrektur: ____

7 Wie lautet die gemischte Zahl?

a) $1 + \frac{1}{4} =$ ____

b) $\frac{13}{5} =$ ____

c) 1 kg 500 g = ____ kg

d) 1 h 45 min = ____ h

8 In einem Tank eines Autos passen 64 l Sprit.

a) Ist die Anzeige in 6 oder 8 Teilstriche unterteilt?

b) Schreibe die beiden Teilstriche als Bruch, zwischen denen der Zeiger steht.

c) ✪ Wie viel Liter Sprit befinden sich noch im Tank?

Gleichnamige Brüche addieren und subtrahieren

Merkkasten

Zwei Brüche mit gleichem Nenner heißen *gleichnamige Brüche.*

So *addierst* du zwei gleichnamige Brüche:
Addiere beide Zähler (Nenner bleibt gleich)!

So *subtrahierst* du zwei gleichnamige Brüche:
Subtrahiere beide Zähler (Nenner bleibt gleich)!

WEBCODE WES-121588-022

Beispiel

Addition:

a) $\frac{1}{3}+\frac{1}{3}=\frac{1+1}{3}=\frac{2}{3}$

b) $\frac{11}{9}+\frac{4}{9}=\frac{11+4}{9}=\frac{15}{9}$

Subtraktion:

a) $\frac{7}{8}-\frac{3}{8}=\frac{7-3}{8}=\frac{4}{8}$

b) $\frac{7}{6}-\frac{3}{6}=\frac{7-3}{6}=\frac{4}{6}$

1 Die Zeichnung stellt eine Addition von zwei gleichnamigen Brüchen dar.

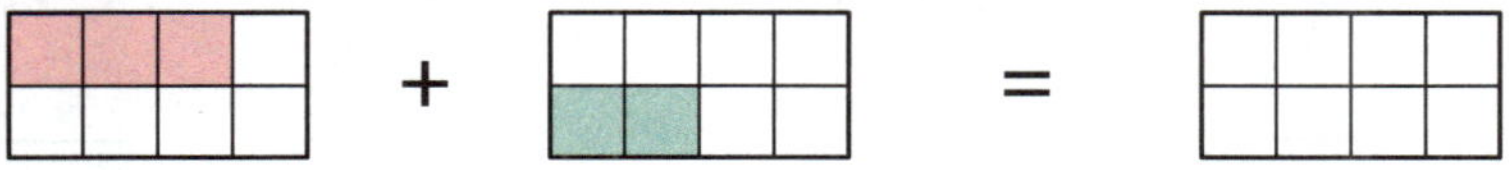

a) Zeichne das Ergebnis ein.

b) Schreibe die Addition mit Brüchen und berechne das Ergebnis. ____________________

2 Die Zeichnung stellt eine Subtraktion von zwei gleichnamigen Brüchen dar.

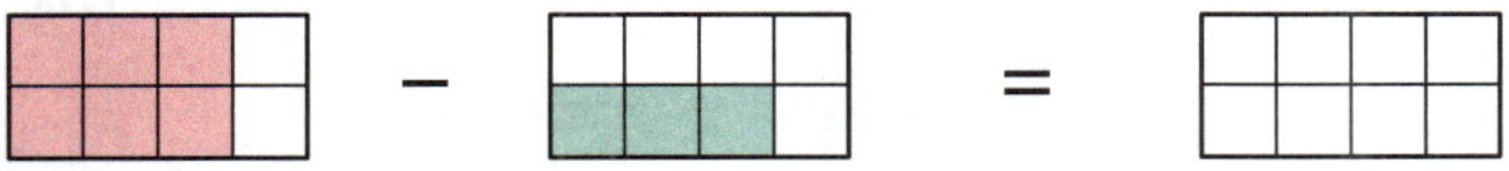

a) Zeichne das Ergebnis ein.

b) Schreibe die Subtraktion mit Brüchen und berechne das Ergebnis. ____________________

3 Berechne!

a) $\frac{1}{4}+\frac{3}{4}=$ __________ = ______

b) $\frac{7}{9}-\frac{5}{9}=$ __________ = ______

c) $\frac{9}{8}+\frac{2}{8}=$ __________ = ______

d) $\frac{10}{7}-\frac{2}{7}=$ __________ = ______

e) $\frac{4}{5}+\frac{6}{5}=$ __________ = ______

f) $\frac{13}{11}+\frac{7}{11}=$ __________ = ______

g) $\frac{25}{15}-\frac{9}{15}=$ __________ = ______

h) $\frac{48}{3}+\frac{19}{3}=$ __________ = ______

i) $\frac{79}{6}-\frac{43}{6}=$ __________ = ______

j) $\frac{225}{25}-\frac{125}{25}=$ __________ = ______

4 Vervollständige die Lücken bei der Addition und Subtraktion von gleichnamigen Brüchen.

a) $\frac{\quad}{8}+\frac{7}{\quad}=\frac{10}{8}$

b) $\frac{12}{\quad}-\frac{\quad}{9}=\frac{7}{\quad}$

c) $\frac{3}{\quad}+\frac{\quad}{\quad}=\frac{6}{7}$

d) $\frac{\quad}{8}-\frac{5}{\quad}=0$

e) $\frac{8}{\quad}+\frac{\quad}{9}=3$

f) $\frac{11}{\quad}-\frac{\quad}{5}=1$

Erweitern

Merkkasten

So erweiterst du einen Bruch: Multipliziere seinen Nenner und Zähler mit der gleichen natürlichen Zahl. Ein erweiterter Bruch hat den gleichen Wert wie der ursprüngliche Bruch.

WEBCODE WES-121588-023

Beispiel

a) $\frac{3}{5}$ erweitern mit 2:
$\frac{3}{5} = \frac{3 \cdot 2}{5 \cdot 2} = \frac{6}{10}$

b) $\frac{2}{7} = \frac{6}{21}$ ist korrekt,
weil $\frac{2}{7} = \frac{2 \cdot 3}{7 \cdot 3} = \frac{6}{21}$

1 Was bedeutet *Einen Bruch erweitern?* Fülle die Lücken aus.

a) Z. B. erweitern mit 2:

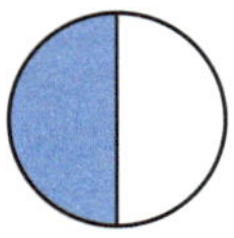

$\frac{1}{2}$

$\frac{1}{2} = \frac{1 \cdot}{2 \cdot}$ ____

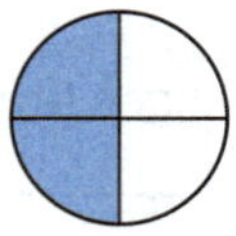

____

Erweitern mit 2 bedeutet: jedes gleich große Teil (links) *zerlegen* in ____ gleich große Teile (rechts).

b) Z. B. erweitern mit 4:

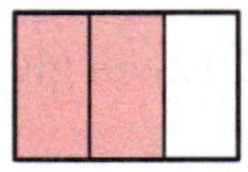

$\frac{2}{3}$

$\frac{2}{3} = \frac{2 \cdot}{3 \cdot}$ ____

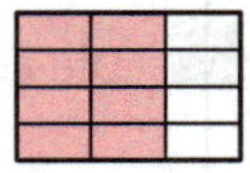

____

Erweitern mit 4 bedeutet: jedes gleich große Teil (links) *zerlegen* in ____ gleich große Teile (rechts).

2 Erweitere den Bruch mit der vorgegebenen Zahl.

a) $\frac{1}{2}$ mit 3: $\frac{1 \cdot}{2 \cdot}$ = ____

b) $\frac{4}{5}$ mit 2: = $\frac{4 \cdot}{5 \cdot}$ = ____

c) $\frac{3}{7}$ mit 5: $\frac{3 \cdot}{7 \cdot}$ = ____

d) $\frac{6}{9}$ mit 4: $\frac{6 \cdot}{9 \cdot}$ = ____

3 Mit welcher Zahl wurde erweitert?

a) $\frac{3}{5} = \frac{6}{10}$. Erweitert mit ____

b) $\frac{7}{11} = \frac{28}{44}$. Erweitert mit ____

c) $\frac{5}{8} = \frac{30}{48}$. Erweitert mit ____

4 Welcher Bruch passt nicht? Streiche ihn heraus.

a) $\frac{2}{3} = \frac{4}{6} = \frac{6}{10} = \frac{8}{12}$

b) $\frac{3}{5} = \frac{5}{7} = \frac{10}{14} = \frac{20}{28}$

c) $\frac{5}{6} = \frac{15}{18} = \frac{25}{28} = \frac{30}{36}$

d) $\frac{8}{3} = \frac{16}{6} = \frac{32}{12} = \frac{40}{20}$

5 Welcher Fehler wurde beim Erweitern gemacht? Beschreibe.

a) $\frac{2}{5} = \frac{2}{10}$ ____

b) $\frac{3}{7} = \frac{21}{7}$ ____

c) $\frac{2}{8} = \frac{6}{16}$ ____

Kürzen

Merkkasten

So kürzt du einen Bruch: Dividiere seinen Nenner und Zähler durch die gleiche natürliche Zahl.
Ein gekürzter Bruch hat den gleichen Wert wie der ursprüngliche Bruch.

WEBCODE WES-121588-024

Beispiel

a) $\frac{8}{12}$ kürzen mit 4:

$\frac{8}{12} = \frac{8:4}{12:4} = \frac{2}{3}$

b) 5/10 = 1/2 ist korrekt,

weil $\frac{5}{10} = \frac{5:5}{10:5} = \frac{1}{2}$

1 Was bedeutet *Einen Bruch kürzen*? Fülle die Lücken aus.

a) Z. B. kürzen mit 2:

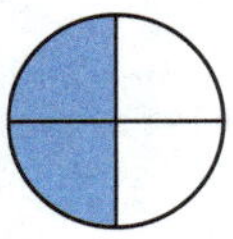

$\frac{2}{4}$

$\frac{2}{4} = \frac{2:}{4:}$ ______

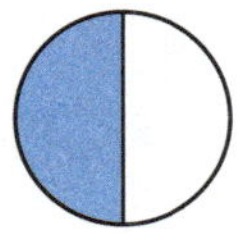

______

Kürzen mit 2 bedeutet: jeweils ______ gleich große Teile (links) *vereinen* zu gleich großen Teilen (rechts).

b) Z. B. kürzen mit 5:

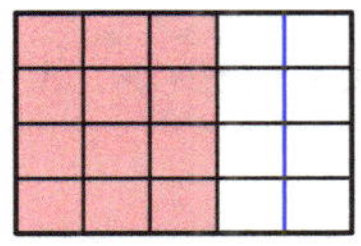

$\frac{15}{25}$

$\frac{15}{25} = \frac{15:}{25:}$ ______

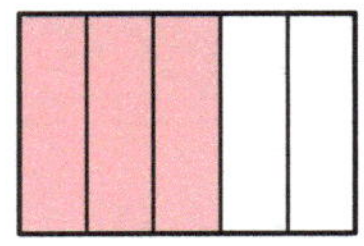

______

Kürzen mit 5 bedeutet: jeweils ______ gleich große Teile (links) *vereinen* zu gleich großen Teilen (rechts).

2 Kürze den Bruch mit der vorgegebenen Zahl.

a) $\frac{9}{18}$ mit 3: $\frac{9:}{18:}$ ______ = ______

b) $\frac{16}{20}$ mit 4: $\frac{16:}{20:}$ ______ = ______

c) $\frac{5}{15}$ mit 5: $\frac{5:}{15:}$ ______ = ______

d) $\frac{21}{28}$ mit 7: $\frac{21:}{28:}$ ______ = ______

3 Mit welcher Zahl wurde gekürzt?

a) $\frac{9}{15} = \frac{3}{5}$. Gekürzt mit ______

b) $\frac{39}{18} = \frac{13}{6}$. Gekürzt mit ______

c) $\frac{25}{39} = \frac{2}{3}$. Gekürzt mit ______

4 Vervollständige und kürze weiter, wenn möglich.

a) $\frac{12}{48} = \frac{6}{24} = \frac{\_\_}{8} = \frac{\_\_}{4}$

b) $\frac{60}{240} = \frac{15}{\_\_} = \frac{\_\_}{20} = \frac{1}{\_\_}$

c) $\frac{120}{180} = \frac{\_\_}{18} = \_\_$

d) $\frac{72}{27} = \frac{24}{\_\_} = \_\_$

5 Welcher Fehler wurde beim Kürzen gemacht? Beschreibe.

a) $\frac{4}{10} = \frac{2}{10}$ ______________________________

b) $\frac{14}{28} = \frac{14}{7}$ ______________________________

c) $\frac{24}{9} = \frac{12}{3}$ ______________________________

Ungleichnamige Brüche addieren und subtrahieren

Merkkasten

Ungleichnamige Brüche haben ungleiche Nenner. So addierst (subtrahierst) du zwei ungleichnamige Brüche:

① Finde den Hauptnenner (das kleinste gemeinsame Vielfache der beiden Nenner)
② Erweitere beide Brüche auf den Hauptnenner.
③ Addiere (subtrahiere) die Zähler (Nenner bleibt gleich).
④ Wenn möglich, kürze das Ergebnis.

WEBCODE WES-121588-025

Beispiel

a) Addition
$\frac{2}{3}+\frac{4}{5}=?$
① Hauptnenner ist das kgV(3; 5) = 15
② $\frac{2\cdot 5}{3\cdot 5}=\frac{10}{15}; \frac{4\cdot 3}{5\cdot 3}=\frac{12}{15}$
③ $\frac{10}{15}+\frac{12}{15}=\frac{22}{15}$
④ kein Kürzen möglich

b) Subtraktion
$\frac{8}{9}-\frac{1}{4}=?$
① Hauptnenner ist das kgV(9; 4) = 36
② $\frac{8\cdot 4}{9\cdot 4}=\frac{32}{36}; \frac{1\cdot 9}{4\cdot 9}=\frac{9}{36}$
③ $\frac{32}{36}-\frac{9}{36}=\frac{23}{36}$
④ kein Kürzen möglich

1 Notiere zuerst den Hauptnenner und berechne dann die Addition bzw. Subtraktion der beiden Brüche.

a) $\frac{1}{3}+\frac{1}{2}=$ Hauptnenner: kgV (2; 3) =

b) $\frac{1}{4}+\frac{2}{5}=$ Hauptnenner:0 kgV (4; 5) =

c) $\frac{1}{3}-\frac{1}{5}$ Hauptnenner: kgV (3; 5) =

d) $\frac{3}{4}-\frac{1}{3}=$ Hauptnenner: kgV (3; 4) =

2 Wenn ein Nenner ein Vielfaches des anderen ist, brauchst du nur einen Bruch erweitern. Vervollständige.

a) $\frac{1}{2}+\frac{1}{4}=$ $2\cdot$ ___ $=4$

b) $\frac{5}{6}-\frac{2}{3}=$ $3\cdot$ ___ $=6$

c) $\frac{7}{13}+\frac{3}{4}=$ $4\cdot$ ___ $=12$

3 Addiere beide Brüche. Bei b) kannst du das Ergebnis noch kürzen.

a) $\frac{3}{7}+\frac{5}{5}=$ ___

b) $\frac{8}{9}+\frac{15}{27}=$ ___

4 Subtrahiere beide Brüche.

a) $\frac{7}{8}-\frac{2}{9}=$ ___

b) $\frac{5}{7}-\frac{10}{21}=$ ___

5 Prüfe die Rechnung $\frac{2}{3}+\frac{3}{6}=\frac{2}{3}+\frac{1}{2}=\frac{3}{5}$. Korrigiere, wenn nötig.

Brüche vervielfachen

Merkkasten

So multiplizierst du einen Bruch mit einer natürlichen Zahl: Multipliziere den Zähler, der Nenner bleibt gleich.

WEBCODE WES-121588-026

Beispiel

a) $3 \cdot \frac{4}{5} = \frac{3 \cdot 4}{5} = \frac{12}{5}$

b) $\frac{3}{8} \cdot 4 = \frac{3 \cdot 4}{8} = \frac{12}{8}$

1 Schreibe die Addition als Multiplikation des Bruchs mit einer natürlichen Zahl und berechne das Ergebnis.

a) $\frac{3}{5} + \frac{3}{5} + \frac{3}{5} = \_\_ \cdot \frac{3}{5} = \frac{\_\_ \cdot 3}{5} = \frac{\_\_}{5}$

b) $\frac{7}{9} + \frac{7}{9} + \frac{7}{9} + \frac{7}{9} + \frac{7}{9} + \frac{7}{9} = \_\_ \cdot \frac{7}{9} = \frac{\_\_ \cdot 7}{9} = \frac{\_\_}{9}$

a) $\frac{3}{5} + \frac{3}{5} + \frac{3}{5} = \_\_ \cdot \frac{3}{5} = \frac{\_\_ \cdot 3}{5} = \frac{\_\_}{5}$

b) $\frac{7}{9} + \frac{7}{9} + \frac{7}{9} + \frac{7}{9} + \frac{7}{9} + \frac{7}{9} = \_\_ \cdot \frac{7}{9} = \frac{\_\_ \cdot 7}{9} = \frac{\_\_}{9}$

2 Multipliziere den Bruch mit der natürlichen Zahl.

a) $2 \cdot \frac{1}{2} = \_\_\_\_ = \_\_\_$

b) $4 \cdot \frac{3}{7} = \_\_\_\_ = \_\_\_$

c) $3 \cdot \frac{2}{5} = \_\_\_\_ = \_\_\_$

d) $\frac{5}{6} \cdot 5 = \_\_\_\_ = \_\_\_$

e) $\frac{2}{9} \cdot 7 = \_\_\_\_ = \_\_\_$

f) $\frac{2}{3} \cdot 8 = \_\_\_\_ = \_\_\_$

3 Berechne das Vielfache des Bruchs.

a) Das Doppelte von $\frac{2}{3}$: ____

b) Das Vierfache von $\frac{1}{7}$: ____

c) Das Dreifache von $\frac{8}{9}$: ____

d) Das Zehnfache von $\frac{5}{6}$: ____

4 Mit welcher natürlichen Zahl wird der Bruch multipliziert? Vervollständige die Rechnung.

a) $\frac{2}{3} \cdot \_\_ = \frac{8}{\_\_}$

b) $\frac{16}{3} \cdot \_\_ = \frac{32}{\_\_}$

c) $\frac{7}{11} \cdot \_\_ = \frac{35}{\_\_}$

d) $\_\_ \cdot \frac{25}{12} = \frac{100}{\_\_}$

e) $\_\_ \cdot \frac{47}{19} = \frac{47}{\_\_}$

f) $\_\_ \cdot \frac{8}{9} = \frac{24}{\_\_}$

5 Wie wird gerechnet? Kreuze das Richtige an.

a) $\frac{2}{3} \cdot 2 = \frac{4}{3}$	Multipliziert mit 2	☐	Erweitert mit 2	☐
b) $\frac{15}{16} = \frac{15 \cdot 3}{16 \cdot 3} = \frac{45}{48}$	Multipliziert mit 3	☐	Erweitert mit 3	☐
c) $\frac{7}{12} = \frac{28}{48}$	Multipliziert mit 4	☐	Erweitert mit 4	☐
d) $\frac{3}{18} \cdot 6 = 1$	Multipliziert mit 6	☐	Erweitert mit 6	☐

6 Vervollständige die Rechnung.

a) $\frac{5}{6} \cdot 4 + \frac{5}{3} = \frac{\_\_}{6} + \frac{5}{3} = \frac{10}{\_\_} + \frac{5}{3} = \frac{\_\_}{3} = \_\_$

b) $\frac{14}{5} - \frac{2}{3} \cdot 3 = \frac{14}{5} - \frac{\_\_}{3} = \frac{\_\_}{15} - \frac{\_\_}{\_\_} = \frac{\_\_}{15} = \_\_$

Brüche teilen

Merkkasten

So dividierst du einen Bruch durch eine natürliche Zahl:

① Falls der Zähler ein Vielfaches der natürlichen Zahl ist, dividiere ihn durch die Zahl. Sonst gehe zu Schritt 2.

② Multipliziere den Nenner mit der natürlichen Zahl.

WEBCODE WES-121588-027

Beispiel

a) $\frac{9}{5}:3=?$

① 9 ist ein Vielfaches von 3!

$\frac{9}{5}:3=\frac{3:3}{5}=\frac{3}{5}$

b) $\frac{3}{5}:2=?$

① 3 ist kein Vielfaches von 2!

② $\frac{3}{5}:2=\frac{3}{5\cdot 2}=\frac{3}{10}$

1 Dividiere den Bruch durch die natürliche Zahl.

a) $\frac{8}{5}:4=\frac{\quad}{5}=\frac{\quad}{5}$

b) $\frac{18}{7}:6=\frac{\quad}{7}=\frac{\quad}{7}$

c) $\frac{63}{8}:9=\frac{\quad}{8}=\frac{\quad}{8}$

d) $\frac{17}{8}:17=\frac{\quad}{8}=\frac{\quad}{8}$

2 Die Zeichnung zeigt die Division eines Bruchs durch 4. Beantworte die Fragen.

(1)

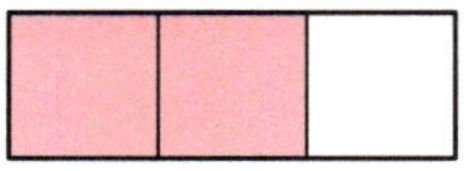

(2)

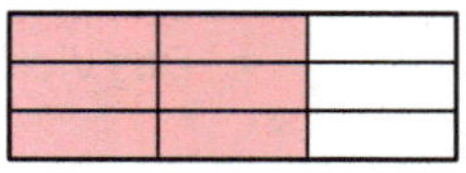

(3)

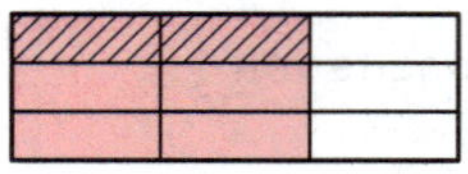

a) Welcher Bruch wird in (1) dargestellt? ______

b) Wie heißt die Aufgabe?

______

c) Ist der Zähler ein Vielfaches von 4? ______

d) Berechne das Ergebnis der Aufgabe mithilfe von (2) und (3). ______

3 Berechne die Division.

a) $\frac{3}{2}:5=\frac{3}{\quad}=\frac{3}{\quad}$

b) $\frac{4}{7}:3=\frac{4}{\quad}=\frac{4}{\quad}$

c) $\frac{6}{8}:12=\frac{6}{\quad}=\frac{6}{\quad}$

d) $\frac{1}{25}:4=\frac{1}{\quad}=\frac{1}{\quad}$

4 Fülle die Lücke mit der korrekten Zahl aus.

a) $\frac{18}{7}:\underline{\quad}=\frac{2}{7}$

b) $\frac{3}{10}:\underline{\quad}=\frac{3}{40}$

c) $\frac{4}{7}:\underline{\quad}=\frac{4}{35}$

d) $\frac{\quad}{13}:4=\frac{9}{13}$

e) $\frac{1}{\quad}:6=\frac{1}{48}$

f) $\frac{\quad}{10}:3=\frac{6}{10}$

5 Vervollständige die Rechnung.

a) $\frac{6}{5}:3+\frac{3}{2}=\frac{\quad}{5}+\frac{3}{2}=\frac{\quad}{10}+\frac{\quad}{10}$

b) $\frac{13}{4}:2-\frac{3}{4}=\frac{13}{\quad}-\frac{3}{4}=\frac{\quad}{\quad}-\frac{6}{\quad}=\underline{\quad}$

Brüche multiplizieren

Merkkasten

So multiplizierst du zwei Brüche:
① Multipliziere beide Zähler.
② Multipliziere beide Nenner.
③ Kürze das Ergebnis so weit wie möglich.

WEBCODE WES-121588-028

Beispiel

a) $\frac{2}{3} \cdot \frac{4}{5} = \frac{2 \cdot 4}{3 \cdot 5} = \frac{8}{15}$

Kürzen: nicht möglich

b) $\frac{5}{2} \cdot \frac{6}{10} = \frac{5 \cdot 6}{2 \cdot 10} = \frac{30}{20}$

Kürzen: $\frac{30}{20} = \frac{3}{2}$

1 Multipliziere beide Brüche.

a) $\frac{1}{2} \cdot \frac{1}{2}$ = ______ = ______

b) $\frac{1}{4} \cdot \frac{3}{5}$ = ______ = ______

c) $\frac{5}{6} \cdot \frac{7}{3}$ = ______ = ______

d) $\frac{8}{11} \cdot \frac{7}{5}$ = ______ = ______

2 Adnan schreibt seine Lösung der Aufgabe $\frac{3}{2} \cdot \frac{4}{3}$ auf die Tafel: $\frac{3}{2} \cdot \frac{4}{3} = \frac{3 \cdot 4}{2 \cdot 3} = \frac{4}{2} = \frac{2}{1} = 2$

a) Denk dich in seine Lösung hinein und beschreibe, wie er gerechnet hat. ______

______

b) Rechne wie Adnan. $\frac{10}{4} \cdot \frac{4}{5}$ = ______

c) $\frac{5}{8} \cdot \frac{16}{10} = 1$. Bestätige das Ergebnis durch eine Rechnung. ______

3 Multipliziere. Schreibe das Ergebnis als gekürzten Bruch.

a) $\frac{6}{7} \cdot \frac{14}{6}$ = ______ = ______

b) $\frac{9}{5} \cdot \frac{15}{18}$ = ______ = ______

c) $\frac{16}{3} \cdot \frac{12}{24}$ = ______ = ______

d) $\frac{13}{5} \cdot \frac{6}{12}$ = ______ = ______

4 Die 6a soll $\frac{3}{4}$ von $\frac{5}{6}$ berechnen. Die Schülerinnen und Schüler erarbeiten sich selbständig mit ähnlichen Aufgaben die Lösung der Aufgabe.

a) Vervollständige die Lücken in der Tabelle

Beispiel	① $\frac{1}{2}$ von 1 ist $\frac{1}{2}$.	② $\frac{1}{2}$ von $\frac{1}{2}$ ist $\frac{1}{4}$.	③ $\frac{1}{2}$ von $\frac{1}{4}$ ist ___.	④ $\frac{1}{2}$ von $\frac{3}{4}$ ist ___.
Rechnung zu …	… ① $\frac{1}{2}$ · ___ = $\frac{1}{2}$	… ② $\frac{1}{2}$ · ___ = $\frac{1}{4}$	… ③ $\frac{1}{2}$ · ___ = ___	… ④ $\frac{1}{2}$ · ___ = ___

b) Berechne $\frac{3}{4}$ von $\frac{5}{6}$. ______

c) Wie viel ist $\frac{2}{7}$ von $\frac{7}{2}$? ______

Brüche dividieren

Merkkasten

Für die Division durch einen Bruch brauchst du seinen *Kehrwert,* bei dem Zähler und Nenner vertauscht sind.
So dividierst du durch einen Bruch:
① Multipliziere mit seinem Kehrwert.
② Kürze das Ergebnis so weit wie möglich.

WEBCODE WES-121588-029

Beispiel

a) $\frac{2}{3}:\frac{4}{5}=?$
Kehrwert von $\frac{4}{5}$ ist $\frac{5}{4}$.
$\frac{2}{3}:\frac{4}{5}=\frac{2}{3}\cdot\frac{5}{4}=\frac{10}{12}$
Kürzen: $\frac{10}{12}=\frac{5}{6}$

b) $\frac{5}{7}:\frac{8}{3}=?$
Kehrwert von $\frac{8}{3}$ ist $\frac{3}{8}$.
$\frac{5}{7}:\frac{8}{3}=\frac{5}{7}\cdot\frac{3}{8}=\frac{15}{56}$
Kürzen: nicht möglich

1 Dividiere durch den Bruch. Schreibe zuerst seinen Kehrwert auf.

a) $\frac{1}{2}:\frac{2}{3}$ Kehrwert von $\frac{2}{3}$ ist ___.
$\frac{1}{2}:\frac{2}{3}=$ ___

b) $\frac{5}{9}:\frac{11}{3}$ Kehrwert von ___ ist ___.
$\frac{5}{9}:\frac{11}{3}=$ ___

c) $\frac{1}{6}:\frac{1}{5}$ Kehrwert von ___ ist ___.
$\frac{1}{6}:\frac{1}{5}=$ ___

d) $\frac{1}{3}:\frac{5}{4}$ Kehrwert von ___ ist ___.
$\frac{1}{3}:\frac{5}{4}=$ ___

2 Monika versucht mit einem selbst gewählten Beispiel zu verstehen, warum bei der Division durch einen Bruch sein Kehrwert benötigt wird. Fülle die Lücken in ihrem Rechenweg aus.

a) „Die Lösung kann ich schon berechnen. Ich brauche sie für die nächste Rechnung:"

$\frac{3}{4}:2=\frac{3}{4\cdot\_\_\_}=$ ___

b) „Was schreibe ich in die Lücke, damit die Lösung stimmt?"

$\frac{3}{4}:2=\frac{3}{4}:\frac{2}{1}=\frac{3}{4}$ ___ $=$ ___

3 Kürzen ist nach der Bildung des Kehrwerts bei der Division durch einen Bruch auch möglich. Schau dir das Beispiel an und rechne dann die Aufgaben.

Beispiel: $\frac{7}{8}:\frac{3}{4}=\frac{7}{8}\cdot\frac{4}{3}=\frac{7}{2}\cdot\frac{1}{3}=\frac{7}{6}$

a) $\frac{1}{5}:\frac{3}{10}=$ ___

b) $\frac{9}{5}:\frac{6}{5}=$ ___

c) $\frac{1}{7}:\frac{1}{14}=$ ___

d) $\frac{3}{8}:\frac{9}{4}=$ ___

4 Finde den Fehler und berichtige.

a) $\frac{2}{5}:\frac{10}{3}=\frac{2}{1}:\frac{2}{3}=\frac{2}{1}\cdot\frac{3}{2}=\frac{6}{2}=3$ Berichtigung: $\frac{2}{5}:\frac{10}{3}=$ ___

b) $\frac{6}{4}:\frac{3}{2}=\frac{4}{6}\cdot\frac{3}{2}=\frac{2\cdot1}{3\cdot1}=\frac{2}{3}$ Berichtigung: $\frac{6}{4}:\frac{3}{2}=$ ___

Gleichnamige Brüche addieren und subtrahieren (Seite 35)

1 Wie viel Achtel fehlen von $\frac{3}{8}$ zu Eins?

2 Subtrahiere $\frac{6}{9}$ von $\frac{13}{9}$.

3 a) $\frac{6}{7}+\frac{4}{7}-\frac{5}{4}=$ b) ✪ $\left(\frac{1}{10}+\frac{5}{10}\right)-\left(\frac{9}{10}-\frac{6}{10}\right)=$

Erweitern (Seite 36)

1 Erweitere.
a) $\frac{2}{3}$ mit 6 b) $\frac{1}{5}$ mit 5 c) $\frac{9}{10}$ mit 2

2 Wie viel Minuten sind $\frac{1}{5}$ h? Erweitere mit 12.

Kürzen (Seite 37)

1 Kürze $\frac{180}{168}$ so weit wie möglich.

2 ✪ Korrigiere wenn nötig. $\frac{16}{28}=\frac{2}{4}=\frac{1}{2}$

Ungleichnamige Brüche addieren und subtrahieren (Seite 38)

1 Wie viel fehlen von $\frac{7}{8}$ zu $\frac{43}{10}$?

2 Rechne weiter. $1\frac{1}{6}+2\frac{2}{5}=1+\frac{1}{6}+2+\frac{2}{5}=3+\ldots$

Brüche vervielfachen (Seite 39)

1 $\frac{4}{3}\cdot 15=$ ▢. Berechne und kürze das Ergebnis.

2 Wie viel Liter sind sechs halbe Liter Milch?

Brüche teilen (Seite 40)

1 a) $\frac{16}{3}:4$ b) $\frac{16}{3}:3$ c) $\frac{3}{16}:3$

2 Teile eine $\frac{3}{4}$ Schokolade auf vier Kinder auf.

Brüche multiplizieren (Seite 41)

1 a) $\frac{8}{3}\cdot\frac{7}{5}$ b) $\frac{15}{18}\cdot\frac{20}{18}$ c) ✪ $1\frac{1}{3}\cdot 2\frac{2}{5}$

2 $\frac{1}{3}$ von der $\frac{3}{4}$ Pizza bekommt Annika. Wie viel ist das?

Brüche dividieren (Seite 42)

1 a) $\frac{7}{2}:\frac{5}{3}$ b) $\frac{6}{21}:\frac{3}{7}$ c) ✪ $2:\frac{3}{4}$

2 ✪ Korrigiere. $4:\frac{3}{4}=1:\frac{3}{1}=1:3=\frac{1}{3}$

Überprüfe dich selbst

1 Löse die Additions- und Subtraktionsaufgaben.

a) Subtrahiere $\frac{2}{9}$ von $\frac{7}{9}$.

b) Addiere $\frac{3}{4}$ und $\frac{3}{5}$.

c) Addiere $\frac{3}{5}$ mit sich selbst.

2 Löse die Multiplikations- und Divisionsaufgaben.

a) Erweitere $\frac{12}{7}$ mit 5.

b) Multipliziere $\frac{12}{7}$ mit 5.

c) Kürze $\frac{15}{27}$ mit 3.

d) Dividiere $\frac{15}{27}$ durch 3.

3 Peter soll $\frac{3}{4}$ von 2 berechnen und weiß nicht wie.

Er überlegt sich erst zwei Beispiele.

a) Vervollständige zu jedem Beispiel die Rechnung.

Beispiel	Rechnung zu …
① $\frac{1}{2}$ von 1 ist $\frac{1}{2}$!	… ① $\frac{1}{2} \cdot \quad = \frac{1}{2}$
② $\frac{1}{2}$ von 2 ist 1!	… ② $\frac{1}{2} \cdot \quad = 1$

b) Rechne jetzt Peters Aufgabe.

$\frac{3}{4}$ von 2: $\frac{3}{4} \cdot \_\_ = \_\_$

4 ✪ Berechne.

a) $2\frac{3}{4}\,h + \frac{1}{4}\,h = \_\_\_\_ \,h$

b) $\frac{1}{4}\,h + 30\,min = \frac{\quad}{4}\,h$

5 Mit welchem Bruch wird multipliziert?

$\frac{11}{5} \cdot \_\_ = \frac{22}{15}$

6 a) Stelle den Rest der Pizza als Bruch dar.

b) ✪ Peter sagt zu seinen drei Freunden: „Jeder bekommt 2 von den 9 Stücken und ein Viertel von einem Stück.“ Ist das gerecht? Begründe.

7 ✪ Durch welchen Bruch wird geteilt?

$\frac{5}{2} : \_\_ = \frac{15}{14}$

8 Korrigiere den Fehler:

$\frac{4}{3} + \frac{4}{5} = \frac{4}{3+5} = \frac{4}{8} = \frac{1}{2}$

9 Ein Geschäft hat einen 120 m^2 großen Raum gemietet. Berechne die Flächen.

a) $\frac{2}{3}$ von 120 m^2 für Regale: ____ m^2

b) $\frac{1}{3}$ von 120 m^2 für Gänge: ____ m^2

c) ✪ $\frac{1}{5}$ der Regalfläche für Bedientheken: ____ m^2

Lösungen
Level AH 6 (978-3-14-121588-5)

1 Teilbarkeit

TEILER UND VIELFACHE BESTIMMEN (S. 5)

1
a) 1; 2; 5; 10 Anzahl Teiler: 4
b) 1; 17 Anzahl Teiler: 2
c) 1; 2; 3; 4; 6; 8; 12; 24 Anzahl Teiler: 8
d) 1; 5; 7; 35 Anzahl Teiler: 4
e) 1; 3; 13; 39 Anzahl Teiler: 4
f) 1; 2; 4; 5; 10; 20; 25; 50; 100 Anzahl Teiler: 9

2
a) 30 und 21 haben den Teiler 3.
b)

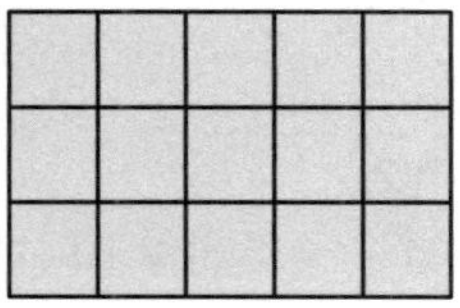

c) Lea hat 6 als Teiler von 30 und 7 als Teiler von 21 genutzt.

3 a) 20 b) 6 c) 24 d) 24

TEILBARKEIT DURCH 2, 4, 5 UND 10 (S. 6)

1
a) 30; 18; 44; 5 010; 2 340; 48 012; 9 753 468
b) 44; 2 340; 48 012; 9 753 468
c) 30; 105; 5 010; 2 340; 321 005
d) 30; 5 010; 2 340
e) 27; 423; 71 009

2
a) z. B.: 50; 52; 54; (56; 58)
b) z. B.: 235; 240; 245; (250; 255)
c) z. B.: 2 050; 2 500; 5 020; (5 200)

3 Elias Aussage stimmt. Jede Zahl, die durch 4 teilbar ist, ist auch durch 2 teilbar.
z. B.: 16 : 4 = 4; 16 : 2 = 8; 40 : 4 = 10; 40 : 2 = 20; 64 : 4 = 16; 64 : 2 = 32

4 Tobias Aussage stimmt nicht. Nicht alle Zahlen, die durch 2 teilbar sind, sind auch durch 4 teilbar.
z. B.: 14 : 2 = 7; 14 : 4 = 3 R2; 52 : 2 = 26; 52 : 4 = 16; 134 : 2 = 67; 134 : 4 = 33 R2

TEILBARKEIT DURCH 3 UND 9 (S. 7)

1 Teilbar: 81; 405

2 Teilbar: 72; 675; 2 781

3
a) z.B.: 72; 75; 78; (81; 84; 87)
b) z. B.: 423; 432; 441; (450; 459)
c) z. B.: 123; 213, 315; …

4
a) Die Aussage stimmt. Wenn eine Zahl durch 9 teilbar ist, dann ist sie auch durch 3 teilbar.
z. B.: 81 : 9 = 9; 81 : 3 = 27 | 126 : 9 = 14; 126 : 3 = 42 | 27 : 9 = 3; 27 : 3 = 9
b) Die Aussage ist falsch.
24 : 3 = 8; 24 : 9 = 2 R6 | 75 : 3 = 25; 75 : 9 = 8 R3 | 292 : 3 = 164; 492 : 9 = 54 R6

GGT (S. 8)

1
a) Teiler von 18: 1; 2; 3; 6; 9; 18
Teiler von 24: 1; 2; 3; 4; 6; 8; 12; 24
ggT(18; 24) = 6
b) Teiler von 25: 1; 5; 25
Teiler von 40: 1; 2; 4; 5; 8; 10; 20; 40
ggT(25; 40) = 5
c) Teiler von 63: 1; 3; 7; 9; 21; 63
Teiler von 84: 1; 2; 3; 4; 6; 7; 12; 14; 21; 28; 42; 84
ggT(63; 84) = 21
d) Teiler von 13: 1; 13
Teiler von 36: 1; 2; 3; 4; 6; 9; 12; 18; 36
ggT(13; 36) = 1
e) Teiler von 50: 1; 2; 5; 10; 25; 50
Teiler von 100: 1; 2; 4; 5; 10; 20; 25; 50; 100
ggT(50; 100) = 50

2
a) ggT(20; 30) = 10
Sie hat nicht den größten gemeinsamen Teiler bestimmt.
b) ggT(18; 36) = 18
Teiler von 18: 1; 2; 3; 6; 9; 18
Sie hat den Teiler falsch bestimmt, denn 8 ist kein Teiler von 36.
c) ggT(28; 32) = 4
Teiler von 28: 1; 2; 4; 7; 14; 28
Sie hat bei den Teilern von 28 die 4 vergessen.

KGV (S. 9)

1 a) Vielfache von 6: 6; 12; 18; 24; 30; ...
Vielfache von 5: 5; 10; 15; 20; 25; 30; ...
kgV(5; 6) = 30
b) Vielfache von 7: 7; 14; 21; 28; 35; ...
Vielfache von 5: 5; 10; 15; 20; 25; 30; 35; ...
kgV(5; 7) = 35
c) Vielfache von 6: 6; 12; 18; 24; 30; ...
Vielfache von 15: 15; 30; ...
kgV(6; 15) = 30

2 a) Fehler bei der Bestimmung der Vielfachen von 12.
Richtig: 12; 24; 36; 48; 60; …
kgV(4; 12) = 12
b) Fehler bei der Bestimmung der Vielfachen von 20 und 15.
Richtig: 20; 40; 60; 80; … und 15; 30; 45; 60; 75
kgV(15; 20) = 60
c) Fehler bei der Bestimmung der Vielfachen von 6.
Richtig: 6; 12; 18; 24; 30; …
kgV(6; 8) = 24

3 Nein, die Behauptung stimmt nicht immer.
kgV(5; 6) = 30 $5 \cdot 6 = 30$
kgV(6; 15) = 30 $6 \cdot 15 = 90$

PRIMZAHLEN (S. 10)

1 2; 3; 5; 7; 11; 13; 17; 19

2 11; 13; 17; 19; 23; 29
Es gibt 6 Primzahlen zwischen 10 und 30.

3 Primzahl: 2; 17; 31; 71
Keine Primzahl: 8; 9; 21; 27; 35; 42; 51; 63; 81; 99

4 a) 352: Teilbar durch 2 und 4; keine Primzahl
b) 113: Primzahl
c) 234: Teilbar durch 2; 3 und 9; keine Primzahl
d) 41 615: Teilbar durch 5; keine Primzahl
e) 927 027: Teilbar durch 3 und 9; keine Primzahl

5 a) wahr b) falsch c) falsch d) wahr

6 Der Mönch ist 101 Jahre alt.

MATHE-TRAINER (S. 11)

Teiler und Vielfache bestimmen (S. 5)

1 a) Teiler von 8: 1; 2; 4; 8
Vielfache von 8: 8; 16; 24; 32
b) Teiler von 15: 1; 3; 5; 15
Vielfache von 15: 15; 30; 45; 60
c) Teiler von 30: 1; 2; 3; 5; 6; 10; 15; 30
Vielfache von 30: 30; 60; 90; 120

2 Die Aussage stimmt nicht, denn jede Zahl hat unendlich viele Vielfache.

Teilbarkeit durch 2, 4, 5 und 10 (S. 6)

1 a) 24 ist teilbar durch 2 und 4.
b) 78 ist teilbar durch 2.
c) 120 ist teilbar durch 2; 4; 5 und 10

2 $100 : 5 = 20$ $100 : 10 = 10$
$55 : 5 = 11$ $55 : 10 = 5$ R5
Die Aussage stimmt nicht.

3 $60 : 20 = 3$ $60 : 2 = 30$
$60 : 4 = 15$ $60 : 5 = 12$
$100 : 20 = 5$ $100 : 2 = 50$
$100 : 4 = 25$ $100 : 5 = 20$
Die Aussage stimmt.

4 20

Teilbarkeit durch 3 und 9 (S. 7)

1 a) 53 ist nicht durch 3 oder 9 teilbar.
b) 169 ist nicht durch 3 oder 9 teilbar.
c) 567 ist durch 3 und 9 teilbar.

2 69

ggT (S. 8)

1 a) ggT(72; 80) = 8   b) ggT(17; 23) = 1
c) ggT(32; 64) = 32

2 z. B.: ggT(15; 20) = 5   ggT(20; 75) = 5

kgV (S. 9)

1 a) kgV(15; 40) = 120   b) kgV(7; 11) = 77
c) kgV(46; 92) = 92

2 kgV(5; 6) = 30

Primzahlen (S. 10)

1 Primzahlen: 2; 3; 17; 61
(keine Primzahlen: 1; 33; 51; 95; 104; 234; 9459)

2 Größte zweistellige Primzahl: 97

3 $15 = 3 \cdot 5$ $24 = 2 \cdot 2 \cdot 2 \cdot 3$ $30 = 2 \cdot 3 \cdot 5$

ÜBERPRÜFE DICH SELBST (S. 12)

1 Vielfache von 9: 9; 18; 27; 36
Vielfache von 12: 12; 24; 36
kgV(9; 12) = 36

2 a) Die Quersumme von 394623 ist 27 und somit durch 9 teilbar. Also gilt: 9 ist ein Teiler von 394623.
b) 469 ist auch ein Teiler von 2345, also kann 5 nicht der größte Teiler sein.
c) Das kleinste Vielfache von 163 ist 163.

3 kgV(3; 7) = 21; $3 \cdot 7 = 21$
kgV(5; 11) = 55; $5 \cdot 11 = 55$
Die Aussage stimmt.

4 a) 30 b) 72

5 $24 : 6 = 4$; $24 : 2 = 12$; $24 : 3 = 8$
$60 : 6 = 10$; $60 : 2 = 30$; $60 : 3 = 20$
Die Aussage stimmt.

6 „Wenn eine Zahl durch 8 teilbar ist, dann ist sie auch durch <u>2</u> und <u>4</u> teilbar."
$48 : 8 = 6$; $48 : 2 = 24$; $48 : 4 = 12$
$80 : 8 = 10$; $80 : 2 = 40$; $80 : 4 = 20$

7 $7 \cdot 7 = 49$; $11 \cdot 11 = 121$
49 und 121 sind keine Primzahlen. Die Aussage stimmt.

8 $49 : 7 = 7$; $121 : 11 = 11$
Die Aussage stimmt nicht. 49 ist durch 1; 7 und 49 teilbar. 121 ist durch 1; 11; 121 teilbar. Die Zahlen haben mehr als zwei Teiler.

9 $6 \cdot 2 = 12$ (kleinste Primzahl: 2)

10 $3 \cdot 13 = 39$; $7 \cdot 11 = 77$
Die Aussage stimmt. Das Produkt von zwei Primzahlen ist keine Primzahl.

11 a) 9 b) 20 c) 98
d) Da die Primzahlen nur 2 Teiler haben und man den kleinsten und größten Teiler weglässt, könnte man keine Zahlen vorgeben.

2 Winkel und Kreise

WINKELARTEN (S. 13)

1 α: 90° β: stumpf γ: spitz δ: stumpf
ε: gestreckt

2 a)

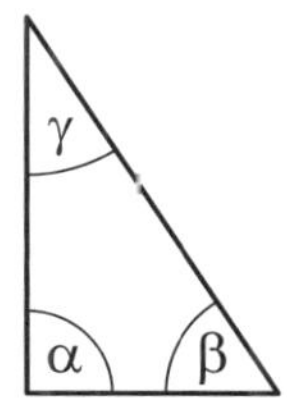

b)

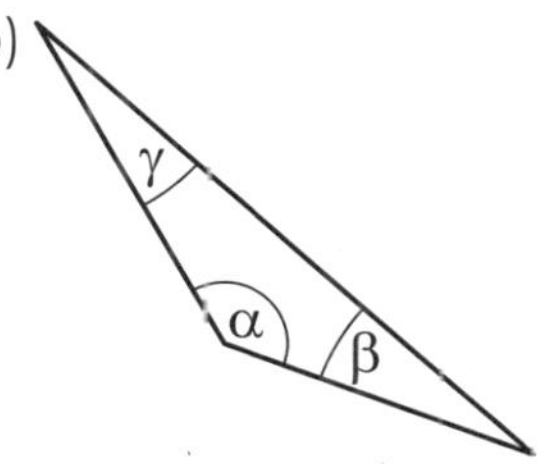

c) Es ist nicht möglich ein Dreieck mit zwei stumpfen Winkeln zu zeichnen.

3 a) α: gestreckter Winkel
b) + c)

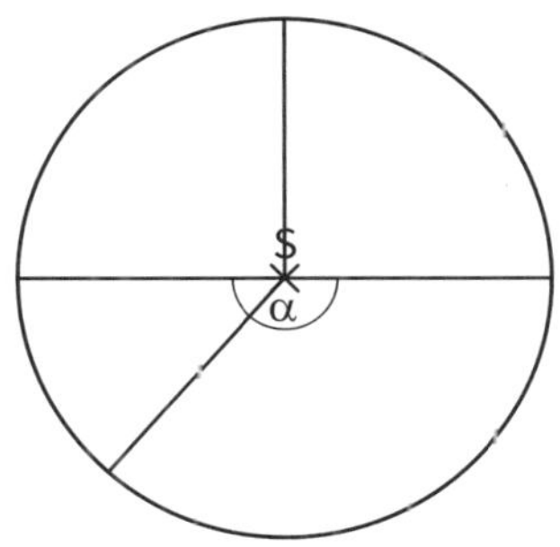

d) 360°

WINKEL MESSEN (S. 14)

1 α = 45° β = 30° γ = 130° δ = 15° ε = 165°

2 a) Er vergisst zu entscheiden, ob ein <u>spitzer</u> oder <u>stumpfer</u> Winkel vorliegt. α = <u>110°</u>
b) Er muss die <u>lange</u> Seite am blauen Schenkel anlegen, damit der <u>rote</u> Schenkel die Winkelgröße anzeigt. β = <u>55°</u>

3 Sie muss den kurzen Schenkel verlängern, dann lässt sich der Winkel ablesen. $\alpha = 70°$

WINKEL ZEICHNEN (S. 15)

1 a) α und γ: spitzer Winkel
β und δ: stumpfer Winkel
b)/c)

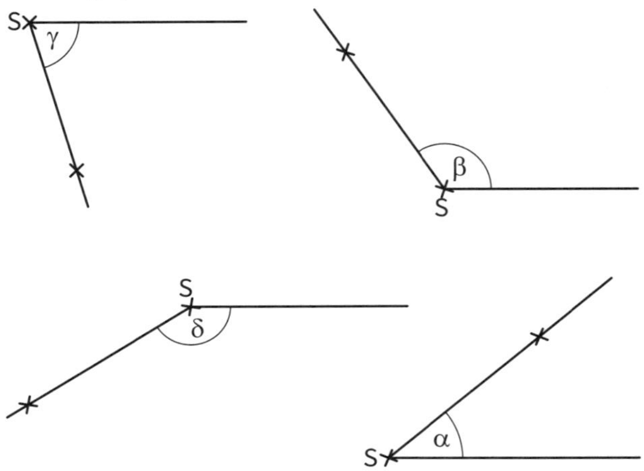

2 a)

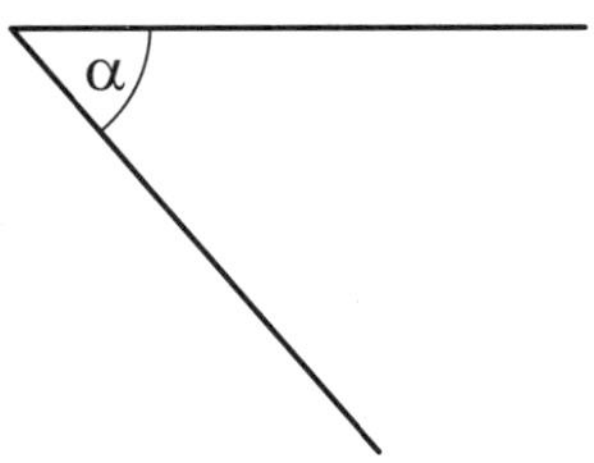

b)

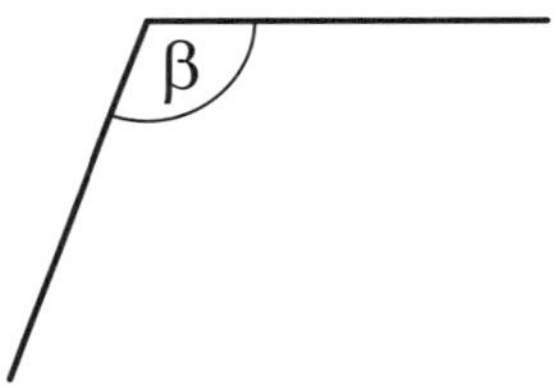

c)

d)

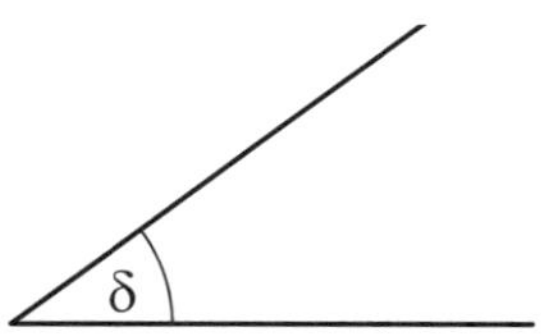

3 a) $\beta = 40°$ b) $\alpha = 220°$
c)

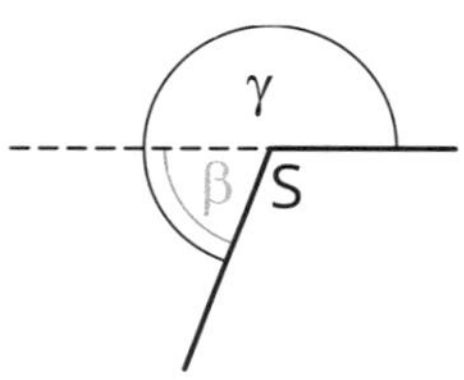

KREISE ZEICHNEN (S. 16)

1 a) $A(2|2)$; $r = 2\,cm$ b) $B(9|4)$; $r = 1\,cm$
c) $C(5|4)$; $r = 3\,cm$
d)/e)

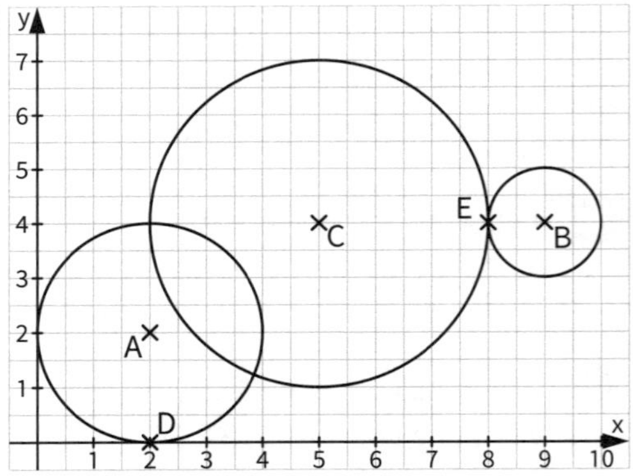

2 a) a
b)

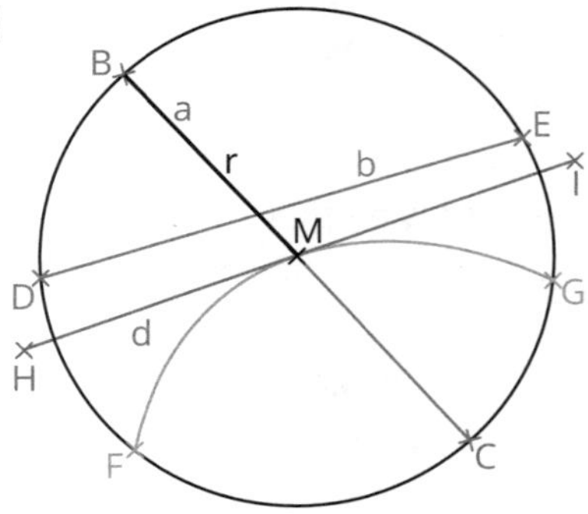

c) Der doppelte Radius ist der Durchmesser.

3 a) $\overline{AB} = 8\,cm$
b) Der Mittelpunkt befindet sich genau in der Mitte der Strecke $\overline{AB}$
c) $r = 4\,cm$

MATHE-TRAINER (S. 17)

Winkelarten (S. 13)

1 α: stumpfer Winkel

2 α: rechter Winkel

3 $180° + 180° = 360°$

Winkel messen (S. 14)

1 $\alpha = 120°$

2 a) $\alpha = \gamma = 55°$; $\beta = \delta = 125°$
b) Die gegenüberliegenden Winkel sind gleich groß.

Winkel zeichnen (S. 15)

1 a)

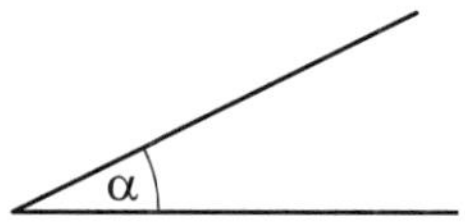

b)

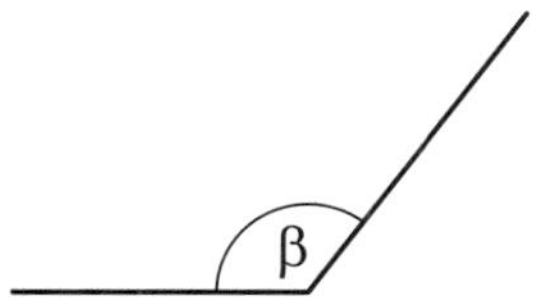

c)

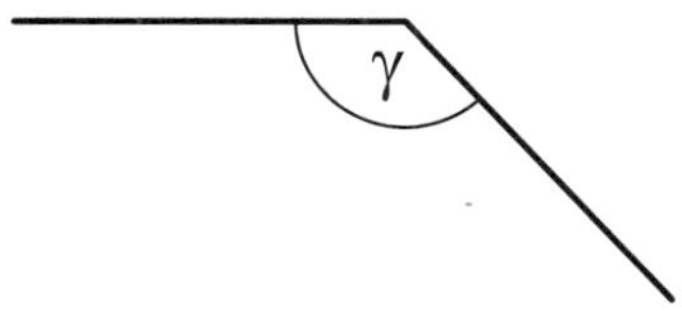

2 Der ganze Kreis sind 360°. Wenn sie erst 60° zeichnet, ist die andere Seite 300°.

Kreise zeichnen (S. 16)

1 a) Ja.

b)

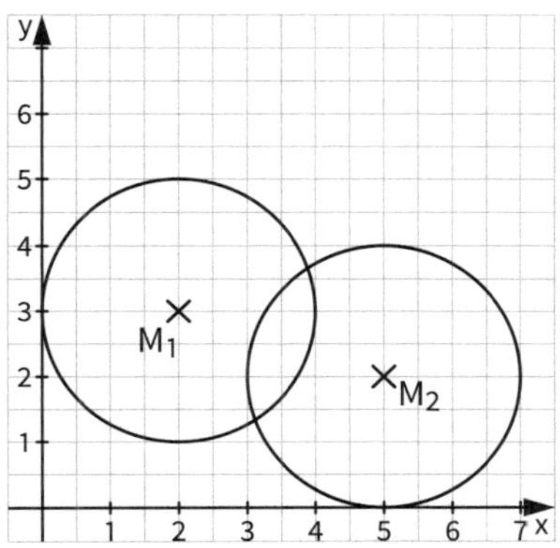

c) Die Kreise haben zwei Schnittpunkte.

2 a) Der Kreisring besteht aus zwei Kreisen

b) Beide Kreise haben den gleichen Mittelpunkt

c) Breite des Kreisrings: 1 cm

d)

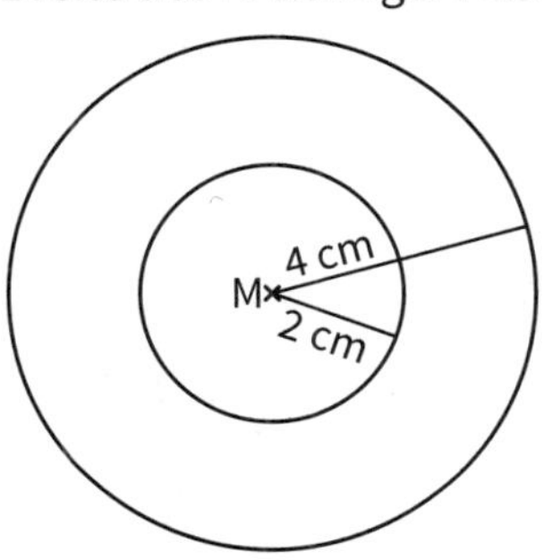

ÜBERPRÜFE DICH SELBST (S. 18)

1 α: spitzer Winkel β: rechter Winkel
γ: rechter Winkel δ: stumpfer Winkel

2 a) $\alpha = 74°$; $\beta = 75°$; $\gamma = 32°$

b) γ hat gleichlange Schenkel.

3

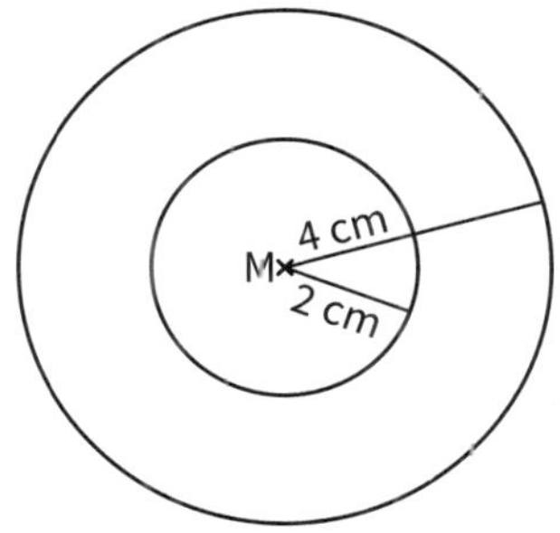

4 a) 90° b) 120° c) 180°

5 a) $\alpha = 52°$ b) $\beta = 52°$

c) α und β sind gleichgroß.

6 $\varepsilon = 15°$

Kapitel 3: Symmetrien

ACHSENSYMMETRISCHE FIGUREN UND ACHSENSPIEGELUNG (S. 19)

1

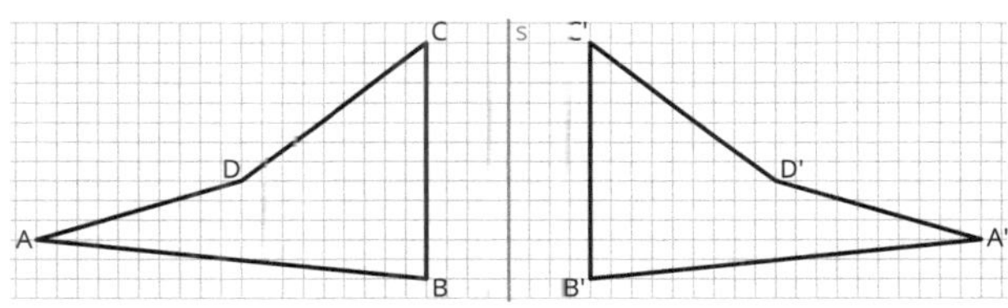

2 a)

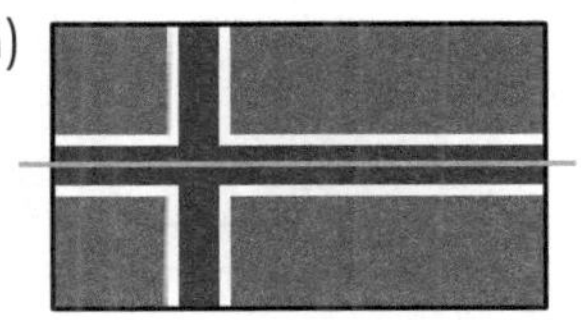

b)

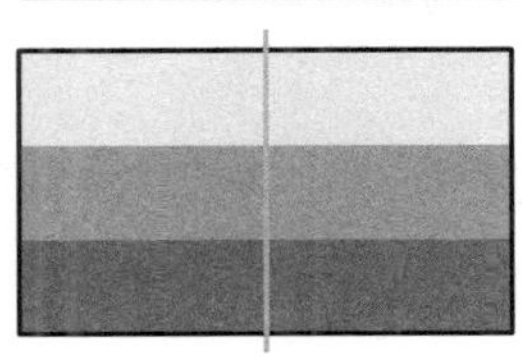

c)

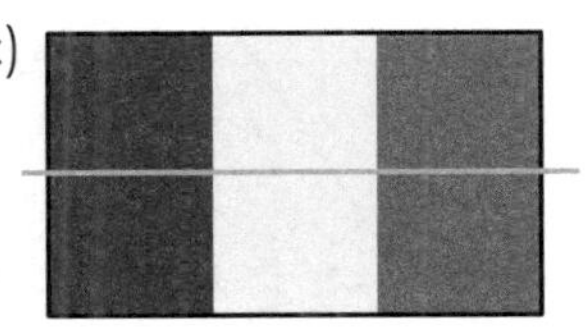

d)

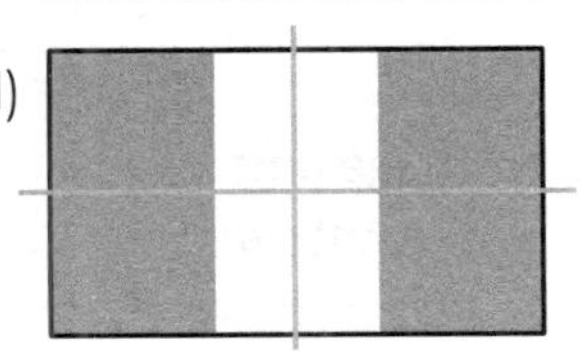

3

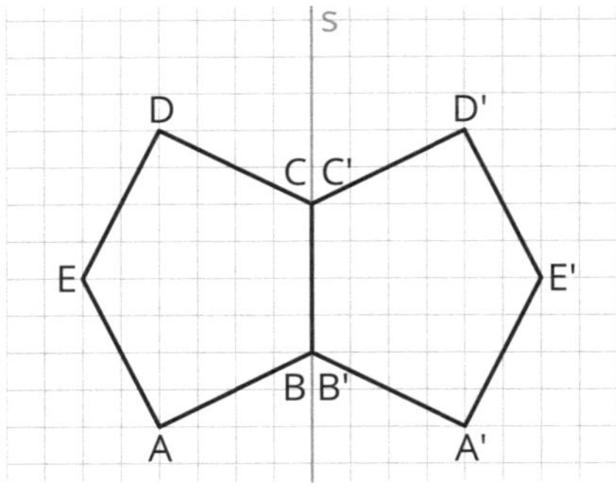

PUNKTSYMMETRISCHE FIGUREN (S. 20)

1 a)

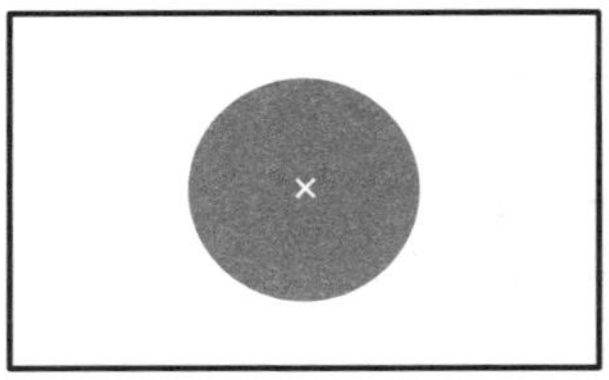

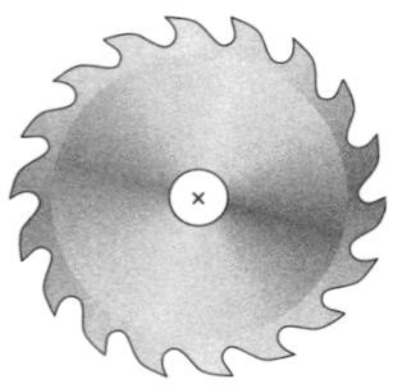

b) Das Verkehrszeichen ist nicht punktsymmetrisch.

2 a) wahr b) wahr c) wahr
d) wahr e) falsch f) falsch

PUNKTSPIEGELUNG (S. 21)

1

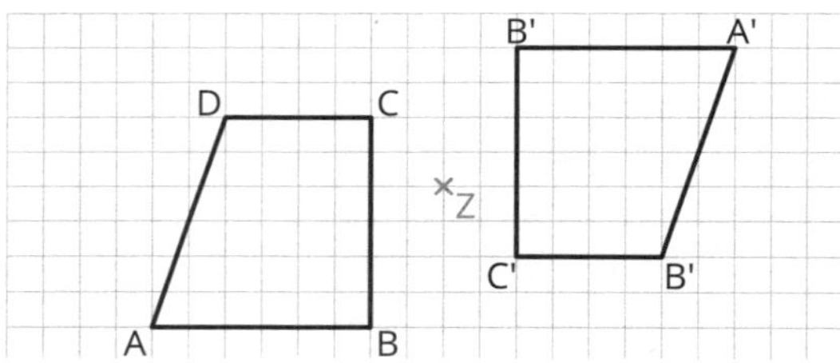

2 a) Mia hat die Punkte B und D falsch gespiegelt.

b)

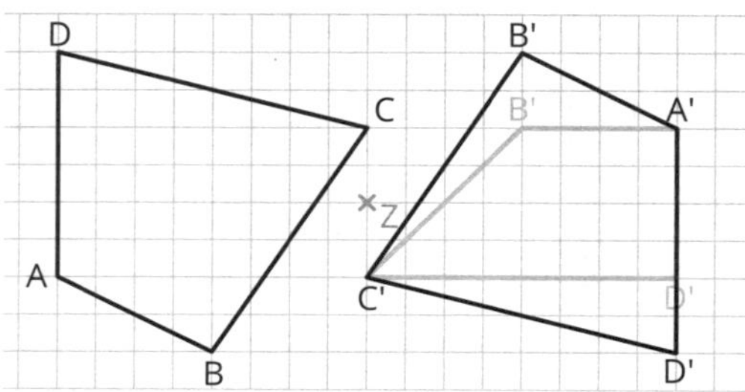

3 Es liegt eine Achsenspiegelung vor. Die Spiegelachse verläuft senkrecht zwischen dem zweiten und dritten Buchstaben.

DREHUNG (S. 22)

1 a) $\alpha = 90°$

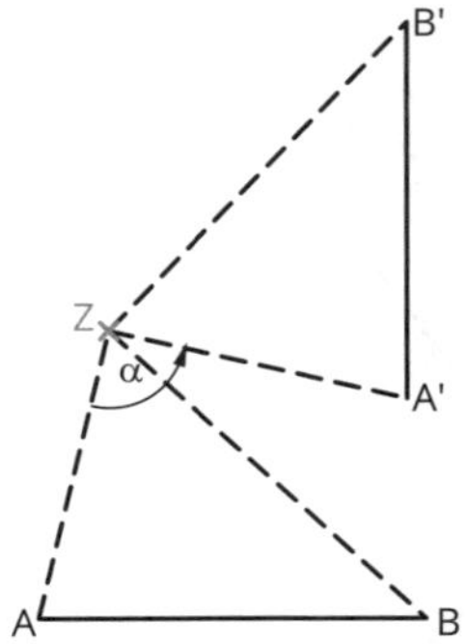

b) $\alpha = 40°$

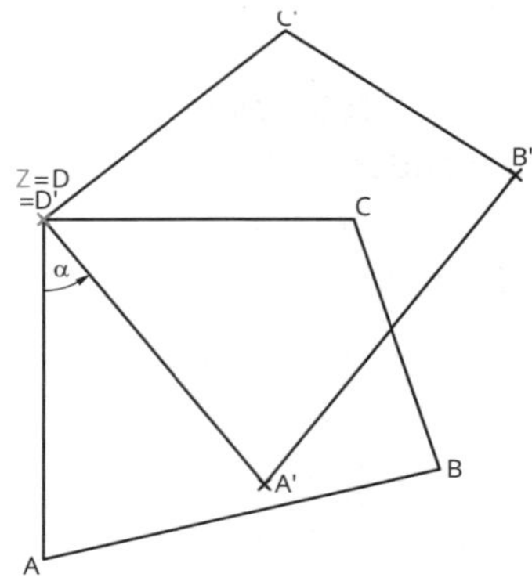

2

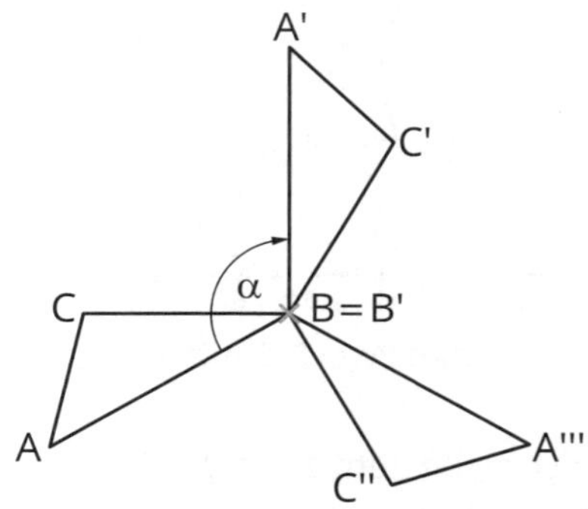

DREHSYMMETRISCHE FIGUREN (S. 23)

1 a) (1) $\alpha = 90°$ (2) $\alpha = 60°$

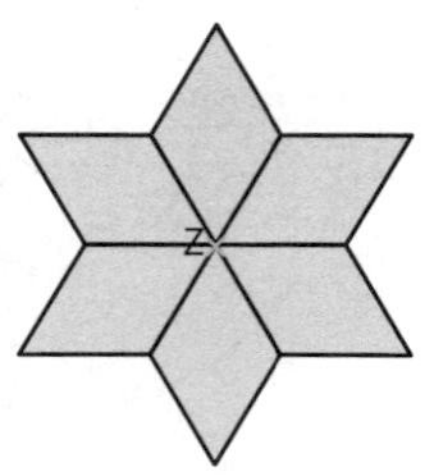

(4) $\alpha = 45°$

b) Figur 3

1 a) $\alpha = 180°$ b) Genauso wie Zeichnung (1).
c) Ja.
d) Die beiden Rechtecke sind identisch.
e) Ist ein Rechteck drehsymmetrisch mit dem Drehwinkel $\alpha = \underline{180°}$, ist es auch <u>punktsymmetrisch</u>.

VERSCHIEBUNG (S. 24)

1

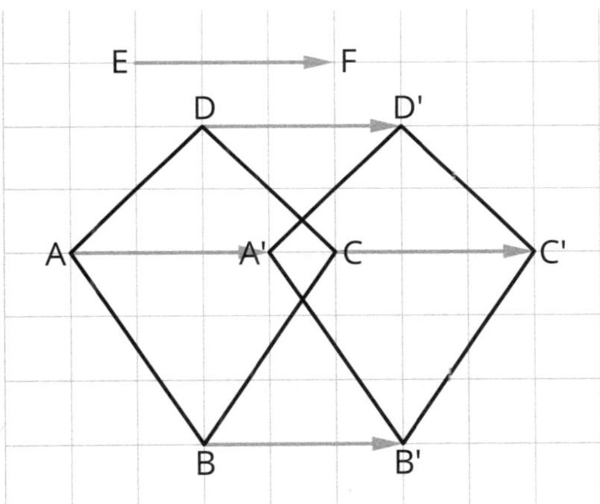

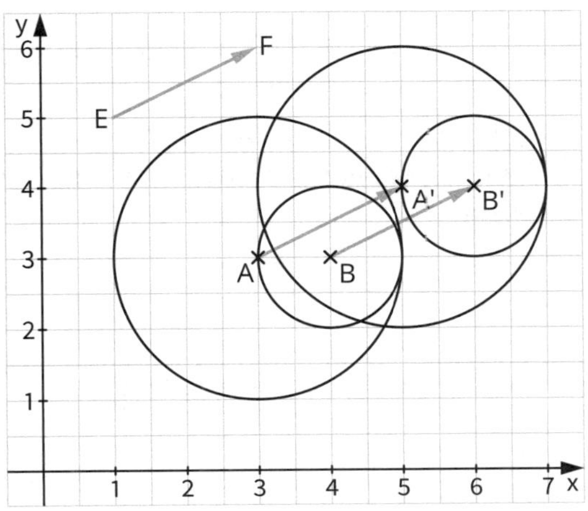

2

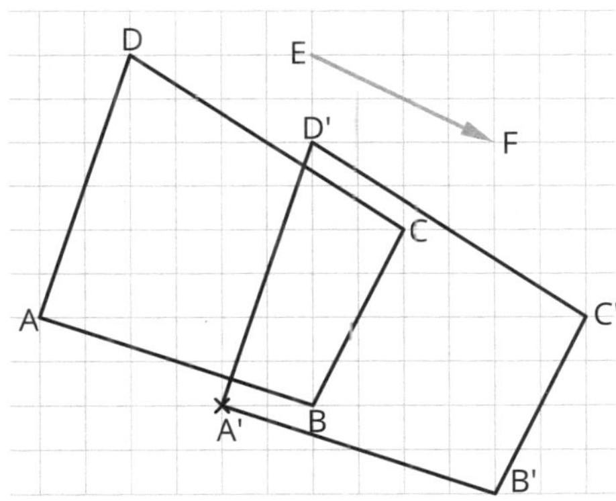

ARGUMENTIEREN (S. 25)

1 a) Hier ohne Zeichnung.
b) Die Aussage wird widerlegt. Mithilfe der Abbildung kann gezeigt werde, dass die Figuren achsensymmetrisch sind.

2 a) $\alpha = 180°$ ist nicht der kleinste Drehwinkel.
b) Der kleinste Drehwinkel ist $\alpha = 60°$.
c) Das Sechseck hat <u>6</u> gleichgroße Innenwinkel mit Z als gemeinsamen Scheitelpunkt. Die 6 <u>Innenwinkel</u> ergeben einen Vollwinkel von <u>360</u>°. Ein Innenwinkel hat somit <u>60</u>°. Der Drehwinkel von <u>60</u>° ist der kleinste, mit dem das Sechseck wieder mit sich selbst zur Deckung kommt.

3 a) Die Aussage ist falsch.
c) Bei der Verschiebung von Punkt C ist ein Fehler passiert. Der Pfeil zwischen C und C′ ist nicht parallel zum Verschiebungspfeil.

MATHE TRAINER (S. 26)

Achsensymmetrische Figuren und Achsenspiegelung (S. 19)

1

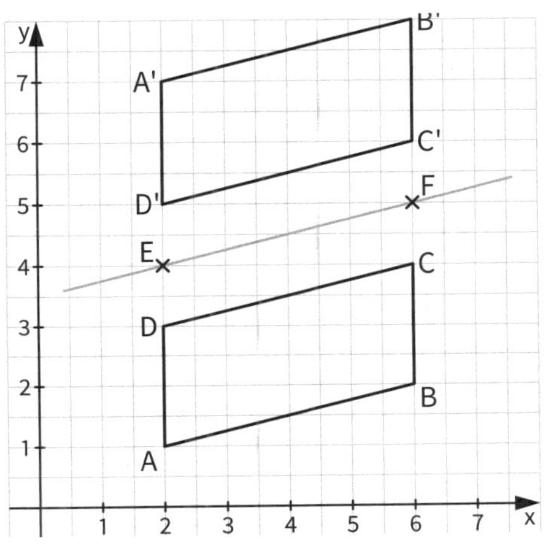

2 Thomas Aussage ist nicht korrekt. Ein Kreis besitzt unendlich viele Symmetrieachsen.

Punktsymmetrische Figuren (S. 20)

1 Die Figur ist punktsymmetrisch

2

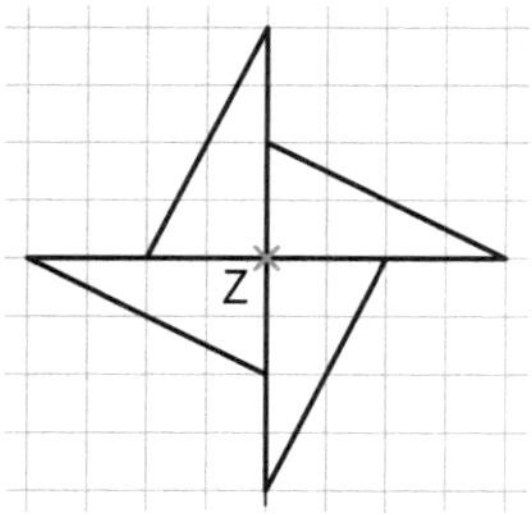

Punktspiegelung (S. 21)

1 Die Linie von P bis P‘ muss geradlinig durch Z gehen.

Drehung (S. 22)

1

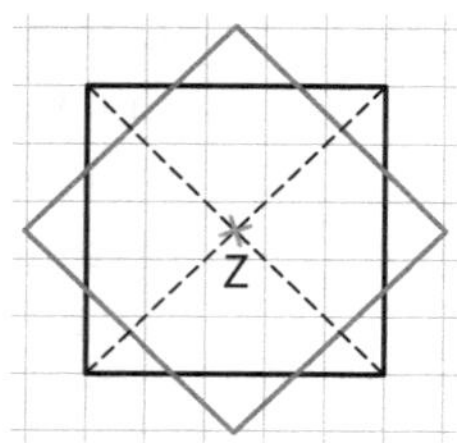

2 Das Viereck wird auf sich selbst abgebildet.

Drehsymmetrische Figuren (S. 23)

1 a) $\alpha = 72°$,
b) $360° : 5 = 72°$

2 Die Aussage ist falsch. Der kleinste Drehwinkel beträgt 90°.

Verschiebung (S. 24)

1

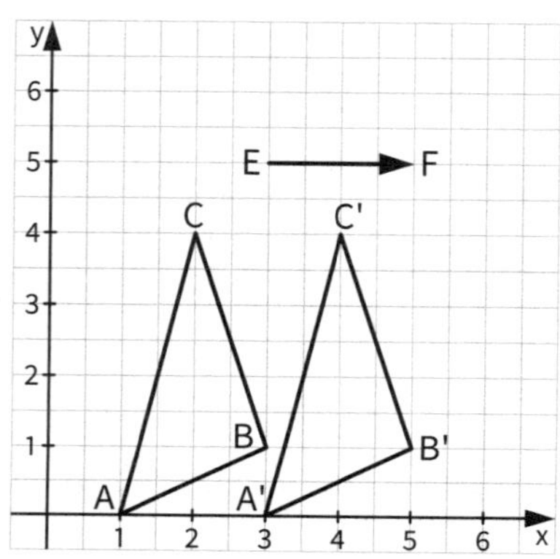

2 F(1|3)

ÜBERPRÜFE DICH SELBST (S. 27)

1

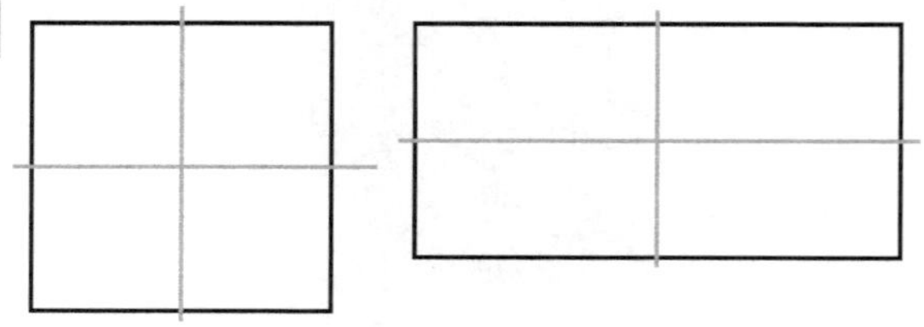

2 **Ebbe** **EBBE** **OHO**

3 Die Buchstaben N, X und S sind punktsymmetrisch.

4 Das Dreieck ist nicht punktsymmetrisch.

5

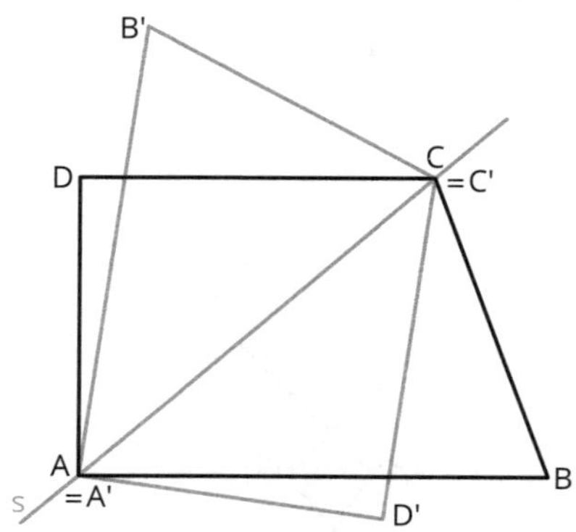

6 Weil bei einer Drehung um 360° die Figur auf sich selbst abgebildet wird.

7 Drehe das Rechteck ABCD in D um $\alpha = 45°$.

8 Figur 2: Verschiebung von Figur 1 mit dem Verschiebungspfeil $\overrightarrow{EF}$.
Figur 3: Drehung von Figur 2 um 120°.
Figur 4: Spiegelung von Figur 3 an der Spiegelachse s.

9 $\alpha = 30°$

10 Punkt A und B sind falsch gedreht.

4 Brüche

STAMMBRUCH (S. 28)

1 a) $\frac{1}{4}; \frac{1}{5}; \frac{1}{6}; \frac{1}{7}; \frac{1}{8}; \frac{1}{9}; \frac{1}{10}$

b) ein Viertel: $\frac{1}{4}$; ein Fünftel: $\frac{1}{5}$; ein Sechstel: $\frac{1}{6}$; ein Siebtel: $\frac{1}{7}$; ein Achtel: $\frac{1}{8}$; ein Neuntel: $\frac{1}{9}$; ein Zehntel: $\frac{1}{10}$; ein Elftel: $\frac{1}{11}$

2 b) $\frac{1}{3}$ c) $\frac{1}{8}$ d) $\frac{1}{9}$ e) $\frac{1}{4}$ f) $\frac{1}{5}$

3 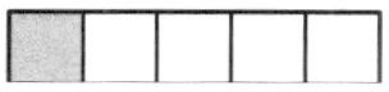 

BRUCHTEILE VOM GANZEN (S. 29)

1 a) zwei Drittel b) zwei Viertel
c) fünf Sechstel d) sieben Achtel
e) vier Neuntel f) sechs Zehntel
g) drei Fünftel h) zwei Elftel

2 a) $\frac{3}{4}$ b) $\frac{3}{8}$ c) $\frac{5}{9}$ d) $\frac{2}{6}$ e) $\frac{2}{5}$ f) $\frac{7}{8}$

3  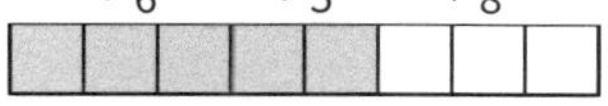

4 $\frac{2}{5}$

BRUCHTEILE VON GRÖSSEN (S. 30)

1 a) 1. 10 m : 5 = 2 m
2. 2 m · 1 = 2
$\frac{1}{5}$ von 10 m sind 2 m.

b) 1. 20 kg : 5 = 4 : kg
2. 4 kg · 3 = 12 kg
$\frac{3}{5}$ von 20 kg sind 12 kg.

c) 1. 60 min : 6 = 10 min
2. 10 min · 5 = 50 min
$\frac{5}{6}$ von 60 min sind 50 min.

2 a) 1 m sind 100 cm
1. 100 cm : 4 = 25 cm
2. 25 cm · 3 = 75 cm
$\frac{3}{4}$ von 1 m sind 75 cm.

b) 2 kg 100 g sind 2 100 g
1. 2 100 g : 7 = 300 g
2. 300 g · 4 = 1 200 g
$\frac{4}{7}$ von 2 kg 100 g sind 1 200 g.

c) 1,8 € sind 180 Cent.
1. 180 ct : 9 = 20 ct
2. 20 ct · 2 = 40 ct
$\frac{2}{9}$ von 1,8 € sind 40 Cent.

3 a) 10 € : 5 = 2 2 € · 2 = 4
Sie spart jede Woche 4 €.

b) 4 € · 10 = 40 € Nach 10 Wochen hat Melanie 40 € gespart.

c) 10 € – 4 € = 6 € 6 € reichen aus, da der Eintritt 5,50 € kostet.

BRUCHTEILE VERGLEICHEN (S. 31)

1 a) Jedes Ganze ist in sechs gleichgroße Teile zerlegt. Weil **zwei** gleich große Teile links kleiner sind als vier gleichgroße Teile rechts, gilt $\frac{2}{6} < \frac{4}{6}$.

b) Das Ganze links ist in vier, das Ganze rechts in **sechs** gleichgroße Teile zerlegt. Weil ein Anteil links größer ist als ein Anteil rechts, sind zwei Anteile links größer als zwei von rechts. Es gilt $\frac{2}{4} > \frac{2}{6}$.

2 a) $\frac{2}{5} < \frac{4}{5}$, weil 2 < 4 b) $\frac{3}{7} < \frac{6}{7}$, weil 3 < 6
c) $\frac{7}{8} > \frac{4}{8}$, weil 7 > 4 d) $\frac{5}{6} < \frac{6}{6}$, weil 5 < 6

3 a) $\frac{3}{4} > \frac{3}{7}$, weil $\frac{1}{4} > \frac{1}{7}$ b) $\frac{2}{3} > \frac{2}{4}$, weil $\frac{1}{3} > \frac{1}{4}$
c) $\frac{2}{3} > \frac{2}{4}$, weil $\frac{1}{3} > \frac{1}{4}$ d) $\frac{6}{9} < \frac{6}{8}$, weil $\frac{1}{9} < \frac{1}{8}$

4 a) $\frac{2}{3} > \frac{1}{3}$ b) $\frac{1}{5} > \frac{1}{8}$ c) $\frac{2}{8} < \frac{2}{6}$
d) $\frac{3}{7} < \frac{6}{7}$ e) $\frac{1}{2} > \frac{1}{4}$ f) $\frac{3}{4} > \frac{3}{5}$

GEMISCHTE ZAHLEN (S. 32)

1 a) $\frac{7}{2} = 3\frac{1}{2}$ 1. 7 > 2 2. 7 : 2 = 3 Rest 1
b) $\frac{11}{3} = 3\frac{2}{3}$ 1. 11 > 3 2. 11 : 3 = 3 Rest 2
c) $\frac{24}{5} = 4\frac{4}{5}$ 1. 24 > 5 2. 24 : 5 = 4 Rest 4

2 a) $4\frac{1}{3} = \frac{4 \cdot 3 + 1}{3} = \frac{13}{3}$ b) $3\frac{5}{8} = \frac{3 \cdot 8 + 5}{8} = \frac{29}{8}$
c) $7\frac{3}{4} = \frac{7 \cdot 4 + 3}{4} = \frac{31}{4}$ d) $2\frac{2}{3} = \frac{2 \cdot 3 + 2}{3} = \frac{8}{3}$
e) $4\frac{3}{5} = \frac{4 \cdot 3 + 5}{5} = \frac{17}{5}$ f) $5\frac{2}{6} = \frac{5 \cdot 6 + 2}{6} = \frac{32}{6}$

3 a) $2\frac{2}{3} = \frac{8}{3}$ b) $5\frac{4}{6} = \frac{34}{6}$ c) $3\frac{4}{7} = \frac{25}{7}$
d) $2\frac{1}{2} = \frac{5}{2}$ e) $1\frac{4}{9} = \frac{13}{9}$ f) $5\frac{3}{4} = \frac{23}{4}$

MATHE-TRAINER (S. 33)

Stammbruch (S. 28)

1 $\frac{1}{3}$; $\frac{1}{6}$; $\frac{1}{9}$; $\frac{1}{12}$; $\frac{1}{15}$

2 $\frac{1}{5}$

BRÜCHE MULTIPLIZIEREN (S. 41)

1 a) $\frac{1}{4}$ b) $\frac{3}{20}$ c) $\frac{35}{18}$ d) $\frac{56}{55}$

2 a) Adnan hat die Brüche bereits vor dem Multiplizieren gekürzt.

b) $\frac{10}{5} = 2$ c) $\frac{5}{8} \cdot \frac{16}{10} = \frac{1 \cdot 2}{1 \cdot 2} = 1$

3 a) 2 b) $\frac{3}{2}$ c) $\frac{8}{3}$ d) $\frac{13}{10}$

4 a) Beispiel: (3) $\frac{1}{2}$ von $\frac{1}{4}$ ist $\mathbf{\frac{1}{8}}$; (4) $\frac{1}{2}$ von $\frac{3}{4} = \mathbf{\frac{3}{8}}$

Rechnung zu…: (1) $\frac{1}{2} \cdot \mathbf{1} = \frac{1}{2}$; (2) $\frac{1}{2} \cdot \mathbf{\frac{1}{2}} = \frac{1}{4}$;

(3) $\frac{1}{2} \cdot \mathbf{\frac{1}{4}} = \mathbf{\frac{1}{8}}$; (4) $\frac{1}{2} \cdot \mathbf{\frac{3}{4}} = \mathbf{\frac{3}{8}}$

b) $\frac{3}{4} \cdot \frac{5}{6} = \frac{15}{24} = \frac{5}{8}$ c) $\frac{2}{7} \cdot \frac{7}{2} = 1$

BRÜCHE DIVIDIEREN (S. 42)

1 a) Kehrwert: $\frac{3}{2}$; Ergebnis: $\frac{3}{4}$

b) Kehrwert: $\frac{3}{11}$; Ergebnis: $\frac{5}{33}$

c) Kehrwert: 5 bzw. $\frac{5}{1}$; Ergebnis: $\frac{5}{6}$

d) Kehrwert: $\frac{5}{4}$; Ergebnis: $\frac{5}{12}$

2 a) $\frac{3}{4 \cdot \mathbf{2}} = \mathbf{\frac{3}{8}}$

b) $\frac{3}{4} \cdot \mathbf{\frac{1}{2}} = \mathbf{\frac{3}{8}}$

3 a) $\frac{2}{3}$ b) $\frac{3}{2}$ c) 2 d) $\frac{1}{6}$

4 a) Berichtigung: $\frac{2}{5} : \frac{10}{3} = \frac{2}{5} \cdot \frac{3}{10} = \frac{1}{5} \cdot \frac{3}{5} = \frac{3}{25}$

b) Berichtigung: $\frac{6}{4} : \frac{3}{2} = \frac{6}{4} \cdot \frac{2}{3} = \frac{2}{2} \cdot \frac{1}{1} = 1$

MATHE-TRAINER (S. 43)

Gleichnamige Brüche addieren und subtrahieren (S. 35)

1 $\frac{5}{8}$

2 $\frac{7}{9}$

3 a) $\frac{5}{7}$ b) $\frac{3}{10}$

Erweitern (S. 36)

1 a) $\frac{12}{18}$ b) $\frac{5}{25}$ c) $\frac{18}{20}$

2 $\frac{1}{5}$ h $= \frac{12}{60}$ h

$\frac{1}{5}$ h sind 12 Minuten.

Kürzen (S. 37)

1 $\frac{180}{168} = \frac{60}{56} = \frac{15}{14}$

2 Korrektur: $\frac{16}{28} = \frac{4}{7}$

Ungleichnamige Brüche addieren und subtrahieren (S. 38)

1 $\frac{8}{40}$

2 $3 + \frac{1}{6} + \frac{2}{5} = 3 + \frac{5}{30} + \frac{12}{30} = 3 + \frac{17}{30} = 3\frac{17}{30}$

Brüche vervielfachen (S. 39)

1 $\frac{4}{3} \cdot 15 = \frac{60}{3} = 20$

2 R: $6 \cdot \frac{1}{2}$ l $= 3$ l

Sechs halbe Liter sind gleich drei Liter Milch.

Brüche teilen (S. 40)

1 a) $\frac{4}{3}$ b) $\frac{16}{9}$ c) $\frac{1}{16}$

2 R: $\frac{3}{4} : 4 = \frac{3}{16}$

Jedes Kind bekommt $\frac{3}{16}$ der Schokolade.

Brüche multiplizieren (S. 41)

1 a) $\frac{56}{15}$ b) $\frac{25}{12}$ c) $\frac{16}{5} = 3\frac{1}{5}$

2 $\frac{1}{3} \cdot \frac{3}{4} = \frac{1}{4}$ A: Es ist $\frac{1}{4}$ Pizza.

Brüche dividieren (S. 42)

1 a) $\frac{21}{10}$ b) $\frac{2}{3}$ c) $\frac{8}{3}$

2 Korrektur: $4 : \frac{3}{4} = \frac{4}{1} : \frac{3}{4} = \frac{4}{1} \cdot \frac{4}{3} = \frac{16}{3}$

ÜBERPRÜFE DICH SELBST (S. 44)

1 a) $\frac{5}{9}$ b) $\frac{27}{20}$ c) $\frac{6}{5}$

2 a) $\frac{60}{35}$ b) $\frac{60}{7}$ c) $\frac{5}{9}$ d) $\frac{5}{27}$

3 a) Rechnung zu (1): $\frac{1}{2} \cdot 1 = \frac{1}{2}$

Rechnung zu (2): $\frac{1}{2} \cdot 2 = 1$

b) $\frac{3}{4} \cdot 2 = \frac{6}{4} = \frac{3}{2}$

4 a) 3 h b) $\frac{3}{4}$ h

5 $\frac{2}{3}$

6 a) $\frac{1}{4}$

b) Wenn jeder zwei Stücke Pizza bekommt, bleibt noch ein Stück übrig und wenn das durch vier geteilt wird, hat jeder gleich viel Pizza bekommen. Die Aufteilung ist also gerecht.

7 $\frac{5}{2} : \frac{7}{3} = \frac{5}{2} \cdot \frac{3}{7} = \frac{15}{14}$

8 Korrektur: $\frac{4}{3} + \frac{4}{5} = \frac{20}{15} + \frac{12}{15} = \frac{32}{15} = 2\frac{2}{15}$

9 a) 80 m^2 b) 40 m^2 c) 24 m^2

6 Dezimalzahlen

VOM BRUCH ZUR DEZIMALZAHL (S. 45)

1 a) Im Nenner: 10 b) Im Zähler: 81
c) Im Nenner: 100 d) Im Zähler: 924
e) Im Nenner: 10
Im Zähler: 1
f) Im Nenner: 10 000
Im Zähler: 101

2 a) $\frac{5}{10}$ b) $\frac{93}{100}$ c) $7\frac{2}{10}$
d) $\frac{201}{1000}$ e) $2\frac{99}{100}$

3 a) 1 Nachkommastelle
b) 2 Nachkommastellen
c) 2 Nachkommastellen
d) 3 Nachkommastellen

4 a) 0,3 b) 0,37 c) 6,6 d) 0,503
e) $\frac{5}{10} = 0,5$

5 a) Torbens Ergebnis ist nicht korrekt.
Richtig: 0,001
b) (1) 0,023 (2) 0,00001 (3) 0,01

DEZIMALZAHLEN AUF DEM ZAHLENSTRAHL DARSTELLEN (S. 46)

1 A: 0,1 B: 0,8 C: 1,1 D: 1,4 E: 2

2 A: 0,4 B: 0,8 C: 1,6 D: 2,2 E: 2,7

3

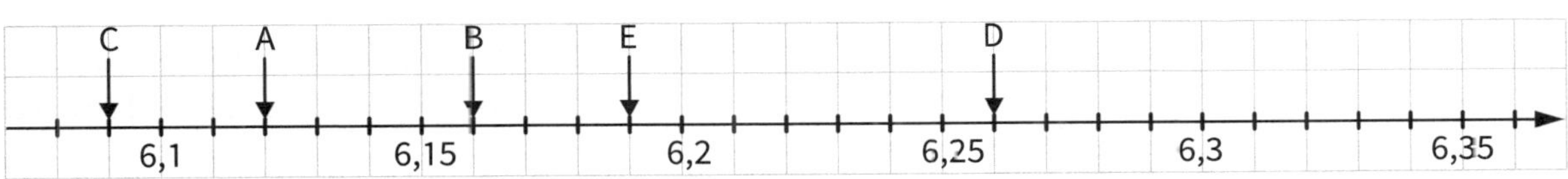

4 a) 4 b) 3,5 c) 1,15 d) 6,255

DEZIMALZAHLEN VERGLEICHEN (S. 47)

1 a) A: 2,12 B: 2,17
b) Erster Unterschied in der dritten Ziffer:
2 < 7. Also 2,12 < 2,17.

2 a) < b) > c) < d) > e) =

3 1,234 < 1,324 < 1,423 < 1,432 < 12,34 < 14,32 < 123,4

4 a) < b) < c) > d) =

5 a) 43,009 s
b) Der Schlitten des Österreichers ist langsamer als der Deutsche, denn 43,012 s > 43,009 s

6 25,5 g > 25 g. Die Aussage ist nicht korrekt. 25,5 g Federn wiegen mehr als ein Viertel einer 100-g-Tafel Schokolade.

DEZIMALZAHLEN RUNDEN (S. 48)

1 a) 0,3 b) 3,9 c) 12,4 d) 7,1 e) 7

2 a) 4,12 b) 0,68 c) 0 d) 1,23

3 a) 5,55; 5,56; 5,57; 5,58; 5,59
b) 5,60; 5,61; 5,62; 5,63; 5,64

4 a) Deutschland: 83 149 300; USA: 332 278 200; China: 1 442 965 000
b) Deutschland: 83,15 Mio; USA: 332,28 Mio; China: 1 442,97 Mio

5 a) 2,37 ≈ 2,4 b) 2,04 ≈ 2

MATHE-TRAINER (S. 49)

Vom Bruch zur Dezimalzahl (S. 45)

1 a) $\frac{8}{10}$ b) $\frac{237}{100}$ c) $\frac{151}{100}$ d) $\frac{1101}{1000}$

2 a) 0,2 b) 4,6 c) 0,28 d) 0,012

3 a) $\frac{1}{5} = \frac{20}{100} = 0{,}2$ b) $\frac{3}{20} = \frac{15}{100} = 0{,}15$
c) $\frac{14}{25} = \frac{56}{100} = 0{,}56$ d) $\frac{9}{125} = \frac{72}{1000} = 0{,}072$

Dezimalzahlen auf dem Zahlenstrahl darstellen (S. 46)

1 A: 0,25 B: 1,75

2 a) wahr b) wahr c) wahr

Dezimalzahlen vergleichen (S. 47)

1 a) < b) = c) < d) >

2 Gold: 9,79 s; Silber: 9,80 s; Bronze: 9,81 s

3 z. B.: 2,91; 2,96; 3,03

4 78,983 m^2 > 78,938 m^2

Dezimalzahlen runden (S. 48)

1 a) 4,6 b) 12,2 c) 0,39

2 Korrekt gerundet: (a), (d)

3 (b)

ÜBERPRÜFE DICH SELBST (S. 50)

1 a) 24,07 s < 24,09 s < 24,11 s < 24,13 s
b) Es gibt für 24,09 s eine Silbermedaille.

2 a) A: 0,1 b) B: 3,35

3 a) 0,7 b) 0,67 c) 0,03 d) 0,099

4 a) $\frac{3}{8} = \frac{300}{800} = \frac{75}{200} = \frac{375}{1000} = 0{,}375$
b) $\frac{3}{8} = 3:8 = 0{,}375$

5 a) $\frac{4}{10} = 0{,}4$ b) $\frac{9}{100} = 0{,}09$
c) $\frac{3}{5} = \frac{60}{100} = 0{,}6$ d) $\frac{25}{200} = \frac{125}{1000} = 0{,}125$

6 a) < b) > c) >

7 a) 0,75 h b) 2,25 h

8 a) 14 a 0 m b) 13 a 6 m
c) 12 a 6 m d) 13 a 9 m

9 a) 1,15 $ b) 3,79 l
c) 0,62 Meilen d) 1,61 $\frac{km}{h}$

10 12,2 hat nur eine Nachkommastelle. Daher ist runden auf Hundertstel nicht möglich.

7 Mit Dezimalzahlen rechnen

DEZIMALZAHLEN ADDIEREN UND SUBTRAHIEREN (S. 51)

1 a) 38,35 b) 51,88 c) 35,44
d) 60,35

2 a) 14,32 b) 12,82 c) 56,86
d) 44,32

3 a) Ü: 200 + 30 = 230 Ü: 31 – 8 = 23
b) 198,2 + 27,31 = 225,51
31,07 – 8,361 = 22,709

4 a) 15,32 – 12,89 = 2,43
b) 12,6 + 7,98 = 20,58
c) 40,123 – 23,27 = 16,853

DEZIMALZAHLEN MIT ZEHNERZAHLEN MULTIPLIZIEREN UND DIVIDIEREN (S. 52)

1 a) 311,2; 3 112; 31 120 b) 9,5; 95; 950
c) 783; 36 500; 38,2

2 a) 7,065; 0,7065; 0,07065
b) 0,205; 0,0205; 0,00205
c) 2,564; 0,0911; 0,0002

3 a) 12,3 · 10 = 123 b) 4,56 · 100 = 456
c) 729 : 10 = 72,9 d) 2,8 : 100 = 0,028

4 a) 7,56 · 100 = 756 b) 0,71 · 1 000 = 710
c) 90,2 : 100 = 0,902 d) 10 · 0,8 = 8

5 a) 81,5 · 10 = 815 b) 0,38 · 100 = 38
c) 69,61 : 10 = 6,961 d) 381,5 : 100 = 3,815

DEZIMALZAHLEN MIT NATÜRLICHEN ZAHLEN MULTIPLIZIEREN UND DIVIDIEREN (S. 53)

1 a) Ü: 50 · 4 = 200
53,8 · 4 = 215,2
b) Ü: 9 · 80 = 720
8,6 · 79 = 679,4
c) Ü: 60 · 10 = 600
63 · 9,57 = 602,91

2 a) Ü: 210 : 7 = 30
208,2 : 6 = 34,7
b) Ü: 600 : 40 = 15
592,8 : 38 = 15,6
c) Ü: 84 : 12 = 7
88,68 : 12 = 7,39

3 a) 75; 7,5 b) 700; 70 c) 11; 1,1 d) 360; 36 e) 9; 0,9

DEZIMALZAHLEN MULTIPLIZIEREN (S. 54)

1 a) 0,28 b) 0,60 c) 0,020 d) 0,0036

2 a) Ü: 2 · 7 = 14
genau: 13,32
b) Ü: 3 · 1 = 3
genau: 3,844
c) Ü: 2 · 0,5 = 1
genau: 1,1328

3 a) 40,327 b) 31,68 c) 1 026,9
d) 0,1824

4 54,35 l · 1,84 $\frac{€}{l}$ = 100,004 € ≈ 100 €

DEZIMALZAHLEN DIVIDIEREN (S. 55)

1 a) 48 : 12 = 4 b) 39 : 13 = 3 c) 90 : 18 = 5

2 a) 18,96 : 0,8 = 23,7
Ü: 200 : 8 = 25
b) 0,686 : 0,7 = 0,98
Ü: 7 : 7 = 1

3 a) 1 098 : 244 b) 43,02 : 9 c) 1 001 : 55

4 a) 21,7 b) 181

SACHRECHNEN (S. 56)

1 a) R: 350 – 131,60 = 218,40
Die Klasse hat 218,40 € ausgegeben.
b) R: 218,40 : 28 = 7,80
Der Ausflug hat 7,80 € pro Person gekostet.

2 a) R: 1,99 : 2,5 = 0,769 0,769 € ≈ 0,80 €
Der Preis für 100 g stimmt.
b) 0,89 · 2,5 = 2,25 2,225 € ≈ 2,23 €
2,23 – 1,99 = 0,24
Lionel spart 24 Cent.

3 a) R: 50 : 13 ≈ 3,85 R: 99,99 : 13 ≈ 7,70
Datenvolumen für vier Wochen: ≈ 3,85 GB
Kosten für vier Wochen: ≈ 7,70 €
b) R: 13 · 7,99 = 103,87 103,87 – 99,99 = 3,88
Es ist 3,88 € teurer.

PROBLEMLÖSEN (S. 57)

1 a) Gutschrift: Einzahlung
b) Lastschrift: Ausgaben/Abbuchungen
c) 1 203,15 € + 929,62 € – 489,00 € = 1 643,77 €

2 a) R: 9 · 2,52 + 8,90 = 31,58
Das Bürohaus ist 31,58 m hoch.
b) R: 2,52 : 0,18 = 14
Ein Stockwerk hat 14 Stufen.
c) Investor: 78,3 Mio € · 0,5 = 39,15 Mio €
Stadt: 78,3 Mio € · 0,35 = 27,405 Mio €
Bundesland: 78,3 Mio € · 0,15 = 11,745 Mio €

MATHE-TRAINER (S. 58)

Dezimalzahlen addieren und subtrahieren (S. 51)

1 a) 7,38 + 25,16 = 32,54
b) 8,021 – 3,409 = 4,612

2 2 · 0,29 dm + 2 · 0,11 dm = 0,8 dm

Dezimalzahlen mit Zehnerzahlen multiplizieren und dividieren (S. 52)

1 a) 3,56 b) 10 c) 70 d) 1 000

2 a) 10 b) z.B. 360 : 100 = 10 · 0,36
c) 1 000 d) 100

Dezimalzahlen mit natürlichen Zahlen multiplizieren und dividieren (S. 53)

1 186

2 18,7

3 37,8 : 3 = 12,6 = 3 · 4,2

4 Die Seite des Rechtecks ist 8,2 cm lang.

Dezimalzahlen multiplizieren (S. 54)

1 a) 1,83 · 0,4 = 0,732 b) richtig
c) 2,1 + 1,9 · 3,1 = 7,99

2 4,2 Meilen sind 6,72 km.

Dezimalzahlen dividieren (S. 55)

1 a) 1,8 b) 3,04

2 Ein Auto fährt 22 $\frac{m}{s}$.

Sachrechnen (S. 56)

1 R: 91 : 1,82 = 50
In den Tank passen 50 l.

2 R: 0,305 · 34 000 = 10 370
Die Reiseflughöhe beträgt 10 370 m.

ÜBERPRÜFE DICH SELBST (S. 59)

1 a) 66 b) 15,04 c) 65

2 R: 12 740 · 3,14 = 40 003,6
Der Erdumfang beträgt etwa 40 003,6 km.

3 R: 60 – 58,27 = 1,73
Er unterbot die 15 min um 1,73 Sekunden.

4 R: 285,6 : 3 = 95,2
Die durchschnittliche Geschwindigkeit beträgt 95,2 $\frac{km}{h}$.

5 4,82 + 4,35 + 4,51 = 13,68 13,68 : 3 = 4,56

6 a) 33 b) 0,01037 c) 0,63 d) 0,7

7 a) 32,63 · 1,829 = 59,68027 ≈ 59,68
b) Ü: 30 · 2 = 60

8 22 m · 30 m = 660 m²
660 · 0,2 = 132
Die Grünflächen haben 132 m².

8 Flächeninhalt, Oberfläche und Volumen

QUADRATKILOMETER, HEKTAR, AR UND QUADRATMETER (S. 60)

1 (a), (b), (d)

2 a) wahr b) wahr c) wahr d) falsch

3 a) 400 m² b) 1 300 a c) 3000 ha
d) 150 m² e) 280 a f) 60 ha
g) 129 a h) 85,1 m²

4 a) 3 km² b) 17 a c) 650 a
d) 3,5 a e) 6,01 km² f) 3,13 a
g) 0,95 km² h) 0,512 a

5 Ü: 70 m · 100 m = 7 000 m² = 70 a
(Genau: 68 m · 105 m = 7 140 m² = 71,4 a)

OBERFLÄCHE VON WÜRFEL UND QUADER (S. 61)

1 a) 216 cm² b) 108 cm²

2 52 cm²

3 a) O = 2 · 4 · 5 cm² + 2 · 4 · 8 cm² + 2 · 5 · 8 cm²
a = 4 cm; b = 5 cm; c = 8 cm
b) O = 2 · 8 cm² + 2 · 10 cm² + 2 · 20 cm²
a = 2 cm; b = 4 cm; c = 5 cm

4 O = 2 · 4 · 4 cm² + 2 · 4 · 8 cm² + 2 · 4 · 8 cm²
= 160 cm²

DM³, CM³, MM³, L UND ML (S. 62)

1 a) wahr b) wahr c) wahr d) wahr

2 a) 8 000 cm³ b) 3 000 ml c) 15 000 mm³
d) 9 000 mm³ e) 3 500 mm³ f) 6 810 cm³
g) 700 ml h) 382 mm³

3 a) 8 dm³ b) 22 dm³ c) 400 cm³
d) 6,7 dm³ e) 5,32 cm³ f) 0,35 l
g) 0,099 dm³ h) 0,005 l

4 a) R: 129 · 365 = 47 085
Eine Person verbraucht im Jahr durchschnittlich 47 085 l Wasser.
b) 47 085 l = 47,085 m³
c) R: 47 085 · 0,2 = 9 417
Die Person muss für ihren Jahresverbrauch 9 417 Cent, also 94,17 € bezahlen.

VOLUMEN VON WÜRFEL UND QUADER (S. 63)

1 V = 5 · 5 · 5 cm³ = 125 cm³
V = 7 · 4 · 5 cm³ = 140 cm³

2 a) 120 cm³ b) 45 cm³ c) 160 cm³

3 a) $50\,cm^3$ b) $3{,}9\,dm^3$
c) $300\,cm^3 = 3\,dm^3$ d) $240\,cm^3 = 24\,dm^3$

4 $V = 10 \cdot 15 \cdot 1{,}6\,m^3 + 15 \cdot 15 \cdot 2\,m^3$
$= 240\,m^3 + 450\,m^3 = 690\,m^3 = 690\,000\,l$

MATHE-TRAINER (S. 64)

Quadratkilometer, Hektar, Ar und Quadratmeter (S. 60)

1 a) 34 a b) 261 ha c) $0{,}125\,km^2$ d) $6{,}7\,km^2$

2 R: 8,7 ha + 112 a = 8,7 ha + 1,12 ha = 9,82 ha
Er besitzt jetzt 9,82 ha Ackerfläche.

Oberfläche von Würfel und Quader (S. 61)

1 a) $O = 150\,cm^2$
b) $O = 31{,}74\,cm^2 = 3\,174\,mm^2$

2 a) $O = 310\,cm^2$ b) $O = 122\,cm^2$

3 R: $1 \cdot 8{,}5 \cdot 6\,m^2 + 2 \cdot 8{,}5 \cdot 3\,m^2 + 2 \cdot 6 \cdot 3\,m^2 - 8\,m^2 = 130\,m^2$
Es werden $130\,m^2$ gestrichen.

dm^3, cm^3, mm^3, l und ml (S. 62)

1 a) $3{,}4\,cm^3$ b) 1,25 l
c) $0{,}71\,dm^3$ d) 0,934 l
e) $56\,000\,mm^3$ f) 300 ml

2 a) $23\,cm^3 = 0{,}023\,l$
b) 7 805 ml = 7,805 l
c) $0{,}74\,dm^3 = 740\,ml$
d) $9{,}2\,cm^3 = 0{,}0092\,dm^3$
e) $151\,l = 151\,dm^3$
f) $0{,}1\,cm^3 = 100\,mm^3$

Volumen von Würfel und Quader (S. 63)

1 a) $V = 3\,375\,mm^3 = 3{,}375\,cm^3$
b) $V = 98\,cm^3$

2 R: $1{,}5\,l \cdot 365 = 547{,}5\,l = 547{,}5\,dm^3$
$V = 8 \cdot 8 \cdot 8\,dm^3 = 512\,dm^3$
Die Menge an Flüssigkeit passt nicht in den Würfel.

3 a) a = 15 cm; b = 5 cm; c = 5 cm
b) $V = 125\,cm^3$ c) $V = 375\,cm^3$

ÜBERPRÜFE DICH SELBST (S. 65)

1 a) $7\,500\,m^2$ b) $1{,}56\,dm^3$
c) $0{,}00082\,cm^3$ d) $3{,}91\,km^2$

2 a) $O = 37{,}5\,cm^2$; $V = 15{,}625\,cm^3$
b) $O = 85\,cm^2$; $V = 50\,cm^3$

3 a) 2,5 a b) 380 a c) 20 ha = 2 000 a

4 1,2 ha = 120 a = $12\,000\,m^2$;
$12\,000\,m^2 : 60\,m = 200\,m$
Länge: 200 m

5 R: $O = 622\,cm^2$
$822\,cm^2 - 686\,cm^2 = 136\,cm^2$
A: Ja, das Zeitungspapier reicht aus, um das Buch zu verpacken.

6 Annahme: 52 Wochen pro Jahr;
R: $1\,050\,l \cdot 52 = 54\,600\,l = 546\,m^3$
Ein Elefant trinkt ca. $546\,m^3$ Wasser in einem Jahr.

7 a) $V = 37{,}5\,m^2$
b) $A = 1 \cdot 2{,}5 \cdot 6\,m^2 + 2 \cdot 6 \cdot 2{,}5\,m^2 + 2 \cdot 2{,}5 \cdot 25\,m^2 = 57{,}5\,m^2$

8 R: $7{,}5\,l \cdot 1\,440 = 10\,800\,l = 10{,}8\,m^3$;
$V = 10 \cdot 1 \cdot 1 \cdot 1\,m^3 = 10\,m^3$
Das Volumen der an einem Tag geatmeten Luft ist mehr als das Volumen von 10 Würfeln.

9 a = b = c = 5 cm $V = 5 \cdot 5 \cdot 5\,cm^3 = 125\,cm^3$

9 Daten und Zufall

MITTELWERT, SPANNWEITE UND MEDIAN (S. 66)

1 a) 11 € b) 10 € c) 7 €

2 a) 4,88 m b) 0,28 m c) 4,9 m

3 a) Es sind 6 Werte, also muss durch 6 geteilt werden.
Korrektur: $(4 + 7 + 2 + 1 + 2 + 8) : 6 = 4$
b) Die Werte wurden nicht der Größe nach sortiert.
Korrektur: $(2 + 4) : 2 = 3$

ABSOLUTE UND RELATIVE HÄUFIGKEIT (S. 67)

1 a)/b)

Note	1	2	3	4	5	6
Absolute Häufigkeit	2	4	8	6	4	0
Relative Häufigkeit	$\frac{2}{24}$	$\frac{4}{24}$	$\frac{8}{24}$	$\frac{6}{24}$	$\frac{4}{24}$	0

2 a)/b)

Anzahl Fernseher	1	2	3
Absolute Häufigkeit	3	7	4
Relative Häufigkeit	$\frac{3}{14} \approx 0{,}21$	$\frac{7}{14} \approx 0{,}5$	$\frac{4}{14} \approx 0{,}29$

3

	8 €	9 €	10 €	12 €	14 €
Absolute Häufigkeit	4	3	8	5	4
Relative Häufigkeit	$\frac{4}{24}$	$\frac{3}{24}$	$\frac{8}{24}$	$\frac{5}{24}$	$\frac{4}{24}$

STREIFENDIAGRAMM (S. 68)

1 a) 1 Fernseher: $0{,}21 \cdot 10\,\text{cm} = 2{,}1\,\text{cm}$;
2 Fernseher: $0{,}5 \cdot 10\,\text{cm} = 5\,\text{cm}$;
3 Fernseher: $0{,}29 \cdot 10\,\text{cm} = 2{,}9\,\text{cm}$

b)

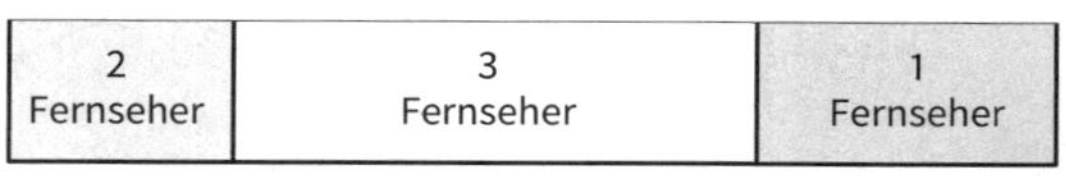

2 a) Sachbuch: 20; Comic: 14; Roman: 26
b) 60 Menschen
c) Sachbuch: 5 cm; Comic: 3,5 cm;
Roman: 6,5 cm
d)

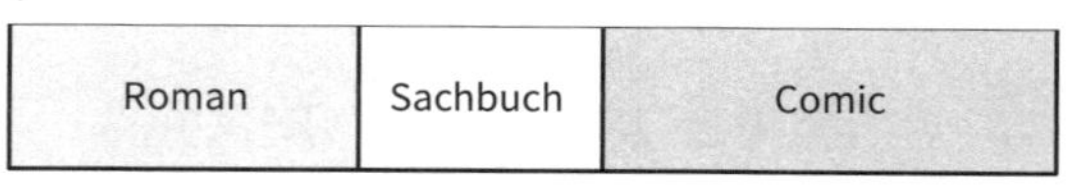

KREISDIAGRAMM (S. 69)

1 a) Sport treiben: 108°; Musik hören: 61,2°;
Fernsehen: 82,8°; Spielen: 36°; Lesen: 72°
b) $108° + 61{,}2° + 82{,}8° + 36° + 72° = 360°$
c)

2

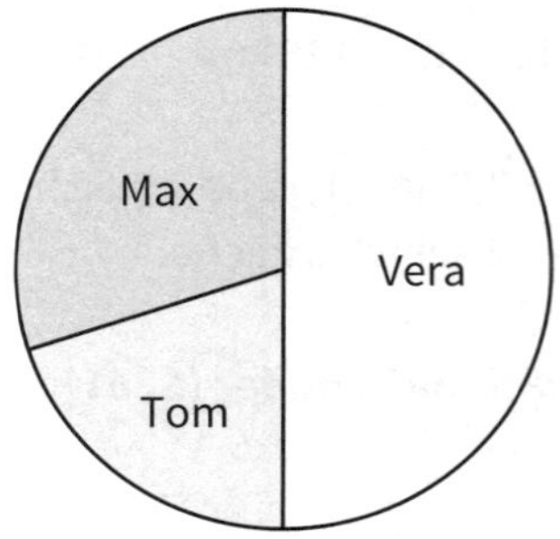

ZUFALLSVERSUCHE (S. 70)

1 a) Kopf, Seite
b) 1, 2
c) rot, blau
d) 1, 2, 3, 4, 5, 6

2 a) eher wahrscheinlich
b) weniger wahrscheinlich
c) unwahrscheinlich

WAHRSCHEINLICHKEITEN BESTIMMEN (S. 71)

1 a) $\frac{120}{200} = \frac{60}{100} = 0{,}6$ b) $\frac{80}{200} = \frac{40}{100} = 0{,}4$

2 a) 40-mal b) $\frac{16}{40} = 0{,}4$ c) $\frac{24}{40} = 0{,}6$

3 (1) $\frac{4}{50} = 0{,}08$ (2) $\frac{17}{50} = 0{,}34$
(3) $\frac{7}{50} = 0{,}14$ (4) $\frac{6}{50} = 0{,}12$
(5) $\frac{13}{50} = 0{,}26$ (6) $\frac{3}{50} = 0{,}06$

DARSTELLEN (S. 72)

1 Median: 123,99 €
Begründung: 176,49 € wird als Ausreißer angesehen und daher für die Berechnung der Mitte der Daten auf den Median zurückgegriffen.

2 Mittelwert:

$$\frac{1\cdot 20+2\cdot 13+3\cdot 10+4\cdot 5+5\cdot 2}{50}=\frac{106}{50}=2{,}16$$

3 a) R: $0{,}55+0{,}21+0{,}14+0{,}18+0{,}12+0{,}1=1{,}3$
Die Summe ist größer als 1. Daraus kann gefolgert werden, dass einige Familien mehrere Haustiere haben.

b)

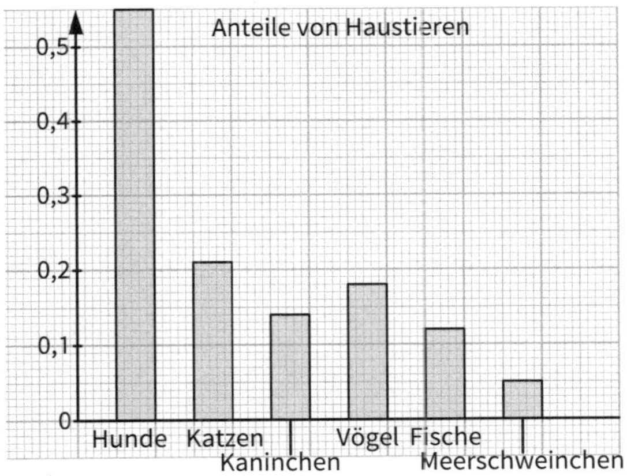

MATHE-TRAINER (S. 73)

Mittelwert, Spannweite und Median (S. 66)

1 3; 5; 5; 6; 7; 10

2 a) falsch b) wahr

Absolute und relative Häufigkeit (S. 67)

1 Bus: $\frac{14}{30}$; Fahrrad: $\frac{10}{30}$; zu Fuß: $\frac{4}{30}$; Zug: $\frac{2}{30}$

2 Mädchen: 15 Jungen:12

Streifendiagramm (S. 68)

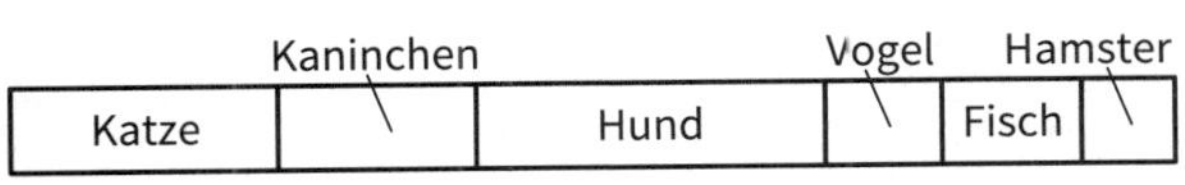

Kreisdiagramm (S. 69)

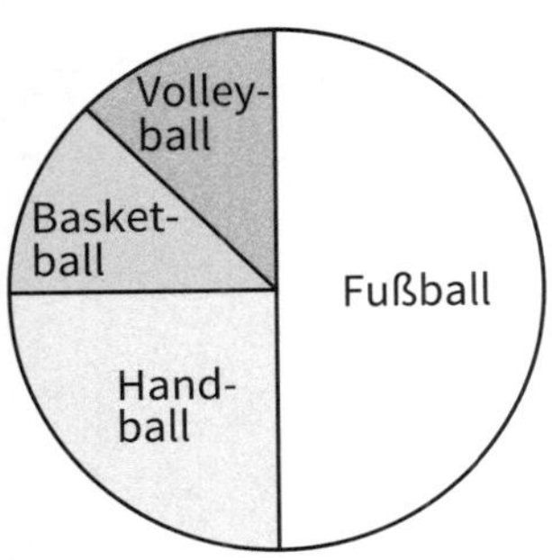

Zufallsversuche (S. 70)

Mögliche Ergebnisse:
- keine Mängel
- fehlendes Licht
- keine Klingel

Wahrscheinlichkeiten bestimmen (S. 71)

Zahl: $\frac{57}{100}=0{,}57$ Kopf: $\frac{43}{100}=0{,}43$

ÜBERPRÜFE DICH SELBST (S.74)

1 a) 71 € b) 19 €

2 8 mm

3 Die Sonne geht jeden Morgen auf und jeden Abend unter. Daher ist es sicher, dass morgen die Sonne aufgeht. Die Wahrscheinlichkeit dafür liegt bei 100 %.

4

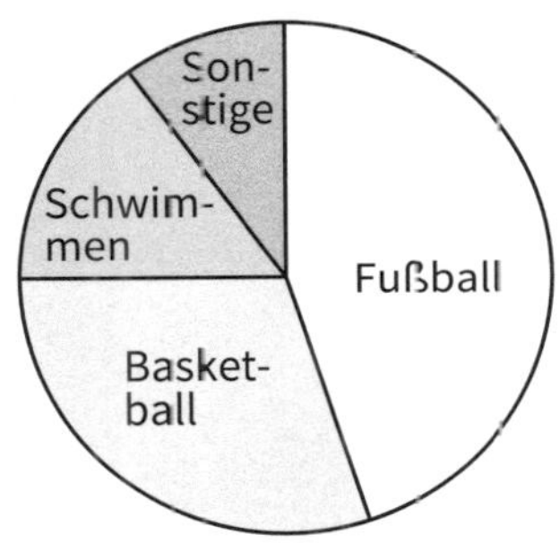

5 (a) stimmt

6 z.B. 2; 3; 4

7 a) 0,036 b) 0: 415; A: 432; B: 117; AB: 36

8 Der Slogan ist korrekt ($\frac{100}{300}=\frac{1}{3}$). Das bedeutet jedoch nur, dass insgesamt ein Drittel der Lose Gewinne sind. Für die drei Lose die Neo gekauft hat, muss dies nicht zutreffen.

Vom Bruch zur Dezimalzahl

Merkkasten

Dezimalzahlen, auch Kommazahlen genannt, sind eine andere Schreibweise für Brüche.
So wandelst du eine Dezimalzahl in einen Bruch um:
① Im Nenner steht eine 10 oder 100 oder …
Die Anzahl der Nachkommastellen gibt die Anzahl der Nullen nach der 1 an.
② Im Zähler stehen die Nachkommaziffern.

WEBCODE WES-121588-030

Beispiel

a) 0,8 als Bruch?
① Im Nenner: 10
Eine Null, weil es eine Nachkommastelle gibt.
② Im Zähler: 8. Es gibt eine Nachkommaziffer.
$0{,}8 = \frac{8}{10}$

b) 5,37 als Bruch?
① Im Nenner: 100
Zwei Nullen, weil es zwei Nachkommastellen gibt.
② Im Zähler: 37. Es gibt zwei Nachkommaziffern.
$5{,}37 = 5\frac{37}{100}$

1 Die Dezimalzahl wird in einen Bruch umgewandelt. Welche Zahl steht im Nenner und Zähler? Ergänze.

a) 0,3
Im Nenner: ____
Im Zähler: 3

b) 0,81
Im Nenner: 100
Im Zähler: ____

c) 0,05
Im Nenner: ____
Im Zähler: 5

d) 0,924
Im Nenner: 1 000
Im Zähler: ____

e) 0,1
Im Nenner: ____
Im Zähler: ____

f) 0,0101
Im Nenner: ____
Im Zähler: ____

2 Wandle die Dezimalzahl in einen Bruch um.

a) 0,5 = ____   b) 0,93 = ____   c) 7,2 = 7____   d) 0,201 = ____   e) 2,99 = 2 ____

3 Der Bruch wird in eine Dezimalzahl umgewandelt. Wie viele Nachkommastellen hat sie?

a) $\frac{4}{10}$. Dezimalzahl hat ____ Nachkommastellen.
b) $\frac{51}{100}$. Dezimalzahl hat ____ Nachkommastellen.
c) $\frac{2}{100}$. Dezimalzahl hat ____ Nachkommastellen.
d) $\frac{21}{1000}$. Dezimalzahl hat ____ Nachkommastellen.

4 Wandle den Bruch in eine Dezimalzahl um.

a) $\frac{3}{10}$ = 0,____   b) $\frac{37}{100}$ = 0,____   c) $6\frac{6}{10}$ = 6,____   d) $\frac{503}{1000}$ = 0,____   e) $\frac{1}{2} = \frac{}{10}$ = 0,____

5 Torben wandelt $\frac{1}{1000}$ in eine Dezimalzahl um: „Drei Nullen im Nenner, also drei Nachkommastellen: 0,100."

a) Bist du mit dem Ergebnis einverstanden? Korrigiere, wenn nötig.

____

____

b) Rechne um: ① $\frac{23}{1000}$ = 0,____   ② $\frac{1}{100000}$ = 0,____   ③ $\frac{10}{1000} = \frac{1}{}$ = 0,____

Dezimalzahlen auf dem Zahlenstrahl darstellen

Merkkasten

Die Ziffern der Dezimalzahlen helfen dir, sie auf einem Zahlenstrahl darzustellen:

① Ziffern vor dem Komma:
Die Dezimalzahl liegt zwischen der Zahl vor dem Komma und der nachfolgenden Zahl.

② Ziffern nach dem Komma:
Zähle die Zehntel, Hundertstel … und trage die Dezimalzahl rechts von der Zahl vor dem Komma ein.

WEBCODE WES-121588-031

Beispiel

a) 0,8: Die Dezimalzahl liegt zwischen 0 und 1, genau bei 8 Zehntel rechts von 0.

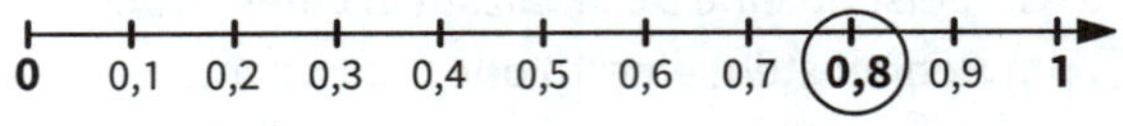

b) 5,36: Die Dezimal liegt zwischen 5 und 6, genau bei 3 Zehntel und 6 Hundertstel rechts von 5.

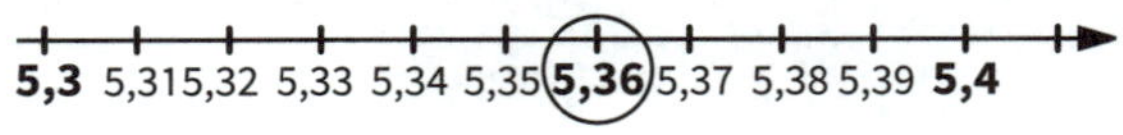

1 Welche Zahlen werden auf dem Zahlenstrahl dargestellt?

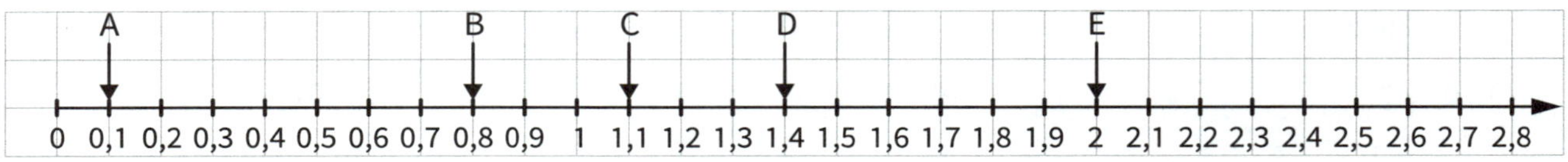

A: ______ B: ______ C: ______ D: ______ E: ______

2 Welche Zahlen werden dargestellt?

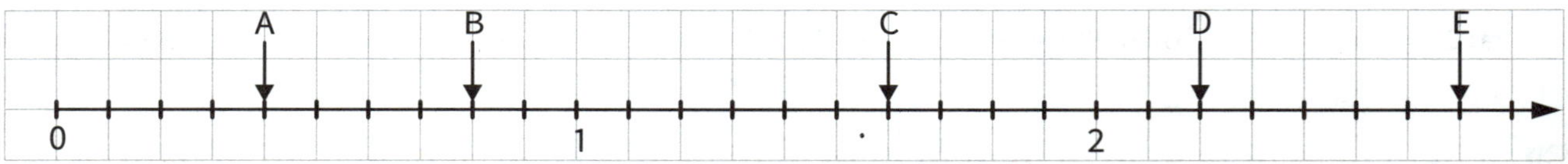

A: ______ B: ______ C: ______ D: ______ E: ______

3 Trage die Dezimalzahlen A: 6,12; B: 6,16; C: 6,09; D: 6,26 und E: 6,19 auf den Zahlenstrahl wie im Beispiel A ein.

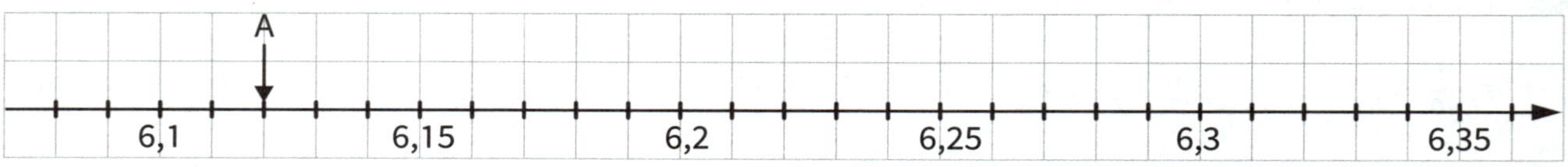

4 Welche Zahl liegt genau in der Mitte zwischen den beiden Zahlen?

a) Zwischen 3 und 5 ______

b) Zwischen 3 und 4 ______

c) Zwischen 1,1 und 1,2 ______

d) Zwischen 6,25 und 6,26 ______

Dezimalzahlen vergleichen

Merkkasten

So vergleichst du zwei Dezimalzahlen:
① Vergleiche stellenweise die Ziffern.
② Beim ersten Unterschied: Ist eine Ziffer kleiner als die andere, ist die entsprechende Dezimalzahl kleiner als die andere.

WEBCODE WES-121588-032

Beispiel

a) 0,34 und 0,38
① Ziffern vergleichen.
② Erster Unterschied in der dritten Ziffer: 4 < 8.
0,34 < 0,38

b) 3,1791 und 3,1739
① Ziffern vergleichen.
② Erster Unterschied in der vierten Ziffer: 9 > 3.
3,1791 > 3,1739

1 Auf dem Zahlenstrahl sind zwei Dezimalzahlen markiert.

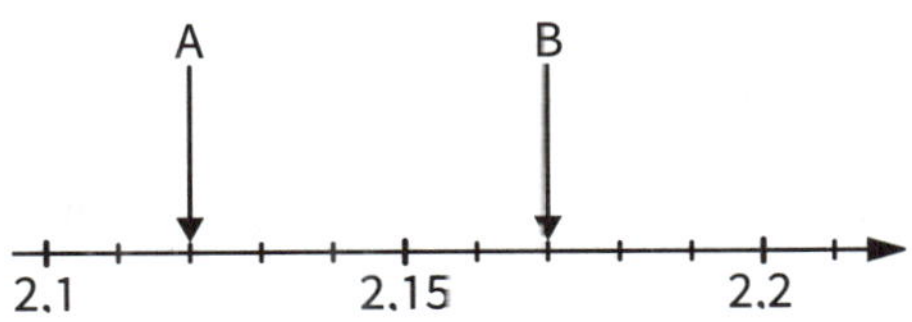

a) Wie heißen sie? A: ______ B: ______

b) Welche Zahl ist die kleinere? Begründe deine Entscheidung mit dem ersten Unterschied beim Vergleich der Ziffern. ______

______

2 Setze in die Lücke < oder > oder = ein.

a) 0,8 ___ 0,9 b) 2,2 ___ 1,9 c) 0,73 ___ 0,89 d) 3,152 ___ 3,151 e) 1,9 ___ $\frac{19}{10}$

3 Ordne die Zahlen von der kleinsten zur größten Zahl:

1,234 | 12,34 | 1,324 | 14,32 | 1,423 | 123,4 | 1,432

______

4 Setze in die Lücke < oder > oder = ein.

a) 0,7 l ___ 0,75 l b) 0,2 kg ___ 0,22 kg c) 1,3 h ___ 0,5 h d) 3,6 km ___ $\frac{36}{10}$ km

5 Die Zeit eines Rennschlittens im Eiskanal wird bis auf die Tausendstel-Sekunde genau gemessen. Im Wettkampf der Herren braucht der deutsche Schlitten für die Strecke $43\frac{9}{1000}$ s.

a) Schreibe die Zeit des deutschen Schlittens als Dezimalzahl. ______

b) Der Schlitten des Österreichers fährt 43,012 s. Ist er schneller oder langsamer als der Deutsche? Begründe.

______

6 25,5 g Federn wiegen weniger als ein Viertel einer 100-g-Tafel Schokolade! Ist die Aussage korrekt? Korrigiere wenn nötig. ______

Dezimalzahlen runden

Merkkasten

So rundest du eine Dezimalzahl auf eine Stelle:
Du rundest eine Zahl auf eine Stelle **auf,** wenn die Ziffer der vorangegangenen Stelle 5, 6, 7, 8, 9 lautet.
Du rundest sie auf eine Stelle **ab,** wenn die Ziffer der vorangegangenen Stelle 0, 1, 2, 3, 4 lautet.

WEBCODE WES-121588-033

Beispiel

a) 2,95 runden auf Zehntel:
– Ziffer der voran gegangenen Stelle ist eine 5.
Dann 2,95 **auf**runden:
2,95 ≈ 3,0 = 3

b) 0,822 runden auf Hundertstel:
– Ziffer der voran gegangenen Stelle ist eine 2.
Dann 0,822 **ab**runden:
0,822 ≈ 0,820 = 0,82

1 Runde die Dezimalzahlen auf Zehntel.

a) 0,27 ≈ ________ b) 3,85 ≈ ________ c) 12,44 ≈ ________ d) 7,07 ≈ ________ e) 6,95 ≈ ________

2 Runde die Dezimalzahl auf die angegebene Stelle.

a) 4,123 auf Hundertstel b) 0,675 auf Hundertstel c) 0,009 auf Zehntel d) 1,2345 auf Hundertstel

4,123 ≈ ________ 0,675 ≈ ________ 0,009 ≈ ________ 1,2345 ≈ ________

3 Mareike hat eine Dezimalzahl auf Zehntel gerundet. Die gerundete Zahl lautet: 5,6.

a) Notiere die 5 möglichen Dezimalzahlen mit zwei Nachkommastellen, wenn sie aufgerundet hat.

____

b) Notiere die 5 möglichen Dezimalzahlen mit zwei Nachkommastellen, wenn sie abgerundet hat.

____

4 Die Tabelle zeigt die Anzahl der Einwohner von bestimmten Ländern.

Land	Einwohner
Deutschland	83149300
USA	332278200
China	1442965000

a) Gruppiere die Zahlen in 3er-Blöcke und trenne diese mit einem Leerzeichen wie z. B. bei 34 709 108. Beginne von rechts.

____

____

b) Schreibe die Einwohnerzahlen in Millionen mit zwei Nachkommastellen. Runde geeignet.

Deutschland: ________________ ≈ ________ Mio.

USA: ________________ ≈ ________ Mio.

China: ________________ ≈ ________ Mio.

5 Schreibe als Dezimalzahl und runde auf Zehntel.

a) $\frac{237}{100}$ = ______ ≈ ______ b) $2\frac{1}{25}$ = ______ ≈ ______

Vom Bruch zur Dezimalzahl (Seite 45)

1 Wandle in einen Bruch um.

a) 0,8 b) 2,37 c) 1,051 d) 1,0101

2 Wandle in eine Dezimalzahl um.

a) $\frac{2}{10}$ b) $4\frac{6}{10}$ c) $\frac{28}{100}$ d) $\frac{12}{1000}$

3 Ist der Nenner eines Bruchs ein Teiler von 10, 100, usw., erweitert man zuerst den Bruch auf 10, 100, usw. und wandelt ihn dann in eine Dezimal um.

a) $\frac{1}{5}$ b) $\frac{3}{20}$ c) $\frac{14}{25}$ d) ✪ $\frac{9}{125}$

Dezimalzahlen auf dem Zahlenstrahl darstellen (Seite 46)

1 Wie heißt die dargestellte Zahl?

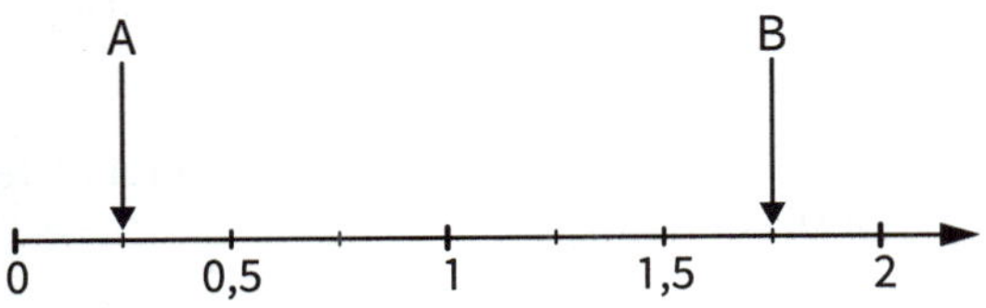

2 Ist die Aussage wahr (w) oder falsch (f)? Kreuze an.

a) 2,8 liegt links von 3! w ☐ f ☐
b) 2,2 liegt genau in der Mitte von 2 und 2,4! w ☐ f ☐
c) ✪ $\frac{16}{10}$ liegt rechts von 1,5! w ☐ f ☐

Dezimalzahlen vergleichen (Seite 47)

1 Setze in die Lücke $<$ oder $>$ oder $=$ ein.

a) 0,2 ▢ 0,3 b) 3,5 ▢ 3,50 c) 0,811 ▢ 0,851 d) 9,32 ▢ 9,31

2 Dies sind die drei besten Zeiten vom 100-m-Lauf: 9,79 s; 9,81 s und 9,80 s.
Für welche Zeit gibt es die Gold-, Silber- und Bronzemedaille?

3 Schreibe drei Zahlen auf, die kleiner als 3,05 aber größer als 2,89 sind.

4 Familie Meyer hat letztes Jahr 78,938 m^3 Wasser verbraucht. Das Jahr davor waren es 78,983 m^3. „Unser Ver brauch ist geringfügig gesunken!“ sagt der Vater. Bestätige die Aussage, indem du die beiden Dezimalzahlen vergleichst.

Dezimalzahlen runden (Seite 48)

1 Runde die Dezimalzahlen.

a) 4,56 auf Zehntel b) 12,222 auf Zehntel c) 0,389 auf Hundertstel

2 Wo ist korrekt gerundet? Kreuze an.

a) $2\frac{99}{100} \approx 3$ ☐ b) $12{,}38 \approx 13$ ☐
c) $3{,}17 \approx 3{,}1$ ☐ d) ✪ $0{,}892 \approx 0{,}90$ ☐

3 Wo würdest du runden? Kreuze an.

a) Körpergröße von 1,6 m auf 2 m. ☐
b) 0,97 kg Kartoffeln auf 1 kg. ☐
c) 12,4 s auf 12 s beim 100 m-Lauf. ☐

Überprüfe dich selbst

1 Dies sind die vier schnellsten Zeiten im Endlauf von 50-m-Freistil der Damen:

24,07 s | 24,13 s | 24,11 s | 24,09 s

a) Ordne die Zeiten. Fange mit der schnellsten an.

______

b) Für welche Zeit gibt es die Silbermedaille?

______

2 Wie heißt die Zahl auf dem Zahlenstrahl?

a) A = ____

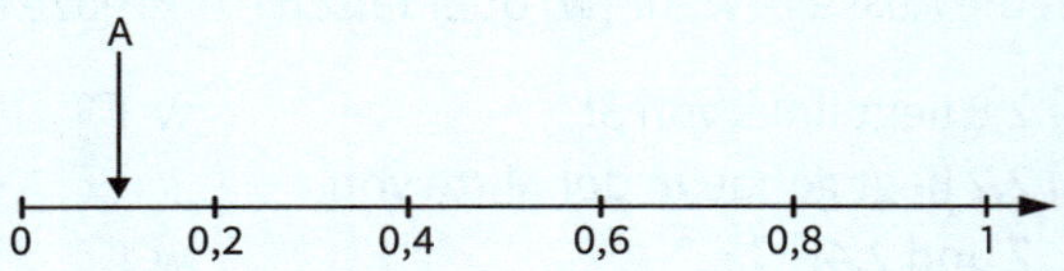

b) ✪ B = ____

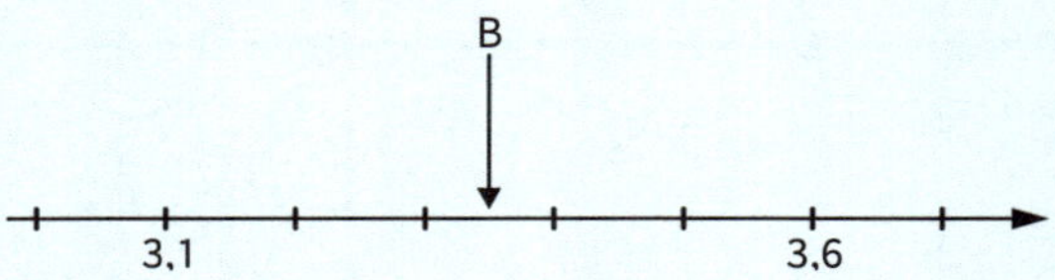

3 Wandle den Bruch in eine Dezimalzahl um.

a) $\frac{7}{10}$ = ____ b) $\frac{67}{100}$ = ____

c) $\frac{3}{100}$ = ____ d) $\frac{99}{100}$ = ____

4 Wandle den Bruch auf zwei Arten in eine Dezimalzahl um.

a) $\frac{3}{8} = \frac{\quad}{8000} = \frac{75}{\quad} = \frac{\quad}{1000} = 0,$____

b) $\frac{3}{8} = 3 : 8 = 0,3$____

	3	:	8	=	0,	3	
	0						
	3	0					
	2	4					
		6	0				

5 Wandle in Dezimalzahlen um.

a) $\frac{12}{30} = \frac{\quad}{10} =$ ____

b) $\frac{63}{700} = \frac{9}{\quad} =$ ____

c) $\frac{9}{15} = \frac{\quad}{5} = \frac{60}{\quad} =$ ____

d) ✪ $\frac{1}{8} = \frac{\quad}{200} = \frac{125}{\quad} =$ ____

6 Setze < oder > ein.

a) 0,2 ____ 0,22 b) 0,75 ____ 0,749 c) $\frac{4}{5}$ ____ 0,45

7 Schreibe die Größe als Dezimalzahl.

a) $\frac{3}{4}$ h = ____ h b) 2 h $\frac{15}{60}$ min = ____ h

8 Wie alt sind die Schülerinnen und Schüler in Jahren (a) und Monate (m)?

a) Jana: 14,0 Jahre = ____ a ____ m

b) Paul: 13,5 Jahre = ____ a ____ m

c) Rick: $12\frac{1}{2}$ Jahre = ____ a ____ m

d) ✪ Melanie: 13,75 Jahre = ____ a ____ m

9 Reist man durch die USA, muss man oft in andere Einheiten umrechnen. Runde auf Hundertstel.

a) 1 Euro = 1,1455 US $ ≈ 1,____ US $

b) 1 US Gallone = 3,785 l ≈ 3,____ l

c) 1 km = 0,6214 Meilen ≈ 0,____ Meilen

d) 1 mph = 1,6093 $\frac{km}{h}$ ≈ 1,____ $\frac{km}{h}$

10 ✪ Warum kann man 12,2 nicht auf Hundertstel runden? ______

______

______

Dezimalzahlen addieren und subtrahieren

Merkkasten

So addierst bzw. subtrahierst du zwei Dezimalzahlen:
① Schreibe die Zahlen stellengerecht untereinander, auch Komma unter Komma.
② Ergänze mit Nullen.
③ Addiere bzw. subtrahiere von rechts nach links.

▶ WEBCODE WES-121588-034

Beispiel

a) Addition
13,6 + 2,81 = 16,41

	Z	E	z	h
	1	3,	6	0
+		2,₁	8	1
	1	6,	4	1

b) Subtraktion
9,34 – 6,5 = 2,84

	Z	E	z	h
		9,	3	4
–		6,₁	5	0
		2,	8	4

1 Addiere die beiden Dezimalzahlen.

a)

	2	7,	3	1
+	1	1,	0	4

b)

		7,	3	2
+	4	4,	5	6

c)

	3	4,	3	5
+		1,	0	9

d)

	5	7,	3	7
+		2,	9	8

2 Subtrahiere die eine Dezimalzahl von der anderen.

a)

	2	5,	3	6
–	1	1,	0	4

b)

	3	7,	3	8
–	2	4,	5	6

c)

	5	8,	3	5
–		1,	4	9

d)

	5	2,	3	
–		7,	9	8

3 Ruben rechnet 198,2 + 27,31 und 31,07 – 8,361. In jeder Rechnung stecken Fehler.

a) Prüfe mit einer Überschlagsrechnung.

200 + ______

31 – ______

b) Korrigiere die Rechnungen.

	1	9	8,	2
+	2₁	7,	3	1
	4	6	1,	3

	3	1,	0	7
–	8,	3	6	1
	5,	8	4	6

Korrektur:

1	9	8,	2	
+				

Korrektur:

3	1,	0	7	
–				

4 Schreibe als Additions- oder Subtraktionsaufgabe und berechne die Lösung.

a) Wie viel fehlen zu 15,32 von 12,89?

b) Subtrahiert man 12,6 von einer Zahl, bleiben 7,98 übrig.

c) Wenn man 23,27 zu einer Zahl addiert, lautet das Ergebnis 40,123.

Dezimalzahlen mit Zehnerzahlen multiplizieren und dividieren

Merkkasten

So *multiplizierst* du eine Dezimalzahl mit einer Zehnerzahl: Verschiebe das Komma um die Anzahl der Nullen nach **rechts.**
So *dividierst* du eine Dezimalzahl durch eine Zehnerzahl: Verschiebe das Komma um die Anzahl der Nullen nach **links.**

WEBCODE WES-121588-035

Beispiel

a) 2,34 · 100 = 234 Komma um 2 Stellen nach rechts
b) 2,34 · 1 000 = 2340 Komma um 3 Stellen nach rechts (zusätzlich eine Null anhängen)
c) 51,6:10 = 5,16 Komma um 1 Stelle nach links
d) 51,6:100 = 0,516 Komma um 2 Stellen nach links (zusätzlich eine Null einfügen)

1 Berechne die Lösungen der Multiplikationen.

a) 31,12 · 10 = ____
31,12 · 100 = ____
31,12 · 1 000 = ____

b) 0,095 · 100 = ____
0,095 · 1 000 = ____
0,095 · 10 000 = ____

c) 7,83 · 100 = ____
36,5 · 1 000 = ____
0,382 · 100 = ____

2 Berechne die Lösungen der Divisionen.

a) 70,65 : 10 = ____
70,65 : 100 = ____
70,65 : 1 000 = ____

b) 2,05 : 10 = ____
2,05 : 100 = ____
2,05 : 1 000 = ____

c) 256,4 : 100 = ____
91,1 : 1 000 = ____
0,02 : 100 = ____

3 Ergänze den Kreis ○ mit dem korrekten Rechenzeichen (· oder :) und jeweils ein Strich (____) mit einer Null.

a) 12,3 ○ 1 ____ = 123
b) 4,56 ○ 1 ____ ____ = 456
c) 729 ○ 1 ____ = 72,9
d) 2,8 ○ 1 ____ ____ = 0,028

4 Ergänze den Kreis ○ mit dem korrekten Rechenzeichen (· oder :) und ergänze die korrekte Anzahl von Nullen.

a) 7,56 ○ 1 ____ = 756
b) 0,71 ○ 1 ____ = 710
c) 90,2 ○ 1 ____ = 0,902
d) 1 ○ ____ 0,8 = 8

5 Beantworte die Frage mit Rechnung und Lösung.

a) Wie groß ist das Zehnfache von 81,5?

____

b) Wie groß ist das Hundertfache von 0,38?

____

c) Wie groß ist der zehnte Teil von 69,61?

____

d) Wie groß ist ein Hundertstel von 381,5?

____

Dezimalzahlen mit natürlichen Zahlen multiplizieren und dividieren

Merkkasten

So multiplizierst bzw. dividierst du eine Dezimalzahl und eine natürliche Zahl:

① Mache einen Überschlag.

② Multipliziere bzw. dividiere ohne Komma, so wie du es mit natürlichen Zahlen kennst.

③ Setze im Ergebnis das Komma so, dass es genauso viele Nachkommastellen hat wie die Dezimalzahl aus der Rechnung.
Kontrolliere das Ergebnis mit dem Überschlag.

WEBCODE WES-121588-035

Beispiel

a) $2{,}3 \cdot 72 = ?$

① Überschlag:
$2 \approx 75 = 150$

② Ohne Komma rechnen:

2	3	·	7	2
1	6	1		
+		4	6	
1	6	5	6	

③ Ergebnis:
$165{,}6 \approx 150$

b) $134{,}4 : 28 = ?$

① Überschlag:
$150 : 30 = 5$

② Ohne Komma rechnen:

$1\,344 : 28 = 48$
-112
224
-224
0

③ Ergebnis: $4{,}8 \approx 5$

1 Multipliziere mit der natürlichen Zahl. Mache zuerst einen Überschlag. Kontrolliere zum Schluss deine Lösung mit dem Überschlag.

a) $53{,}8 \cdot 4 = ?$

Überschlag: 50 · ______

5	3	8	·	4

Lösung: ______

b) $8{,}6 \cdot 79 = ?$

Überschlag: ______

8	6	·	7	9

Lösung: ______

c) $63 \cdot 9{,}57 = ?$

Überschlag: ______

9	5	7	·	6	3

Lösung: ______

2 Dividiere durch die natürliche Zahl. Mache zuerst einen Überschlag. Kontrolliere zum Schluss deine Lösung mit dem Überschlag.

a) $208{,}2 : 6 = ?$

Überschlag: $210 : 7 =$ ______

Lösung: ______

b) $592{,}8 : 38 = ?$

Überschlag: $600 : 40 =$ ______

Lösung: ______

c) $88{,}68 : 12 = ?$

Überschlag: $84 : 12 =$ ______

Lösung: ______

3 Rechne die Multiplikations- und Divisionsaufgaben im Kopf.

a) $15 \cdot 5 =$ ______
$1{,}5 \cdot 5 =$ ______

b) $20 \cdot 35 =$ ______
$20 \cdot 3{,}5 =$ ______

c) $143 : 13 =$ ______
$14{,}3 : 13 =$ ______

d) $30 \cdot 12 =$ ______
$3{,}0 \cdot 12 =$ ______

e) $72 : 8 =$ ______
$7{,}2 : 8 =$ ______

Dezimalzahlen multiplizieren

Merkkasten

So multiplizierst du zwei Dezimalzahlen:
① Mache einen Überschlag.
② Multipliziere ohne Komma, so wie du es mit natürlichen Zahlen kennst.
③ Setze im Ergebnis das Komma so, dass es so viele Nachkommastellen hat wie beide Dezimalzahlen aus der Rechnung zusammen.
④ Kontrolliere das Ergebnis mit dem Überschlag.

▶ WEBCODE WES-121588-036

Beispiel

a) $2,3 \cdot 4,6 = ?$
① Überschlag:
$2 \cdot 5 = 10$
② Ohne Komma rechnen:

	2	3	·	4	6
			9	2	
+			1	3	8
		1	0	5	8

③ Ergebnis: $10,58 \approx 10$

b) $0,34 \cdot 8,7 = ?$
① Überschlag:
$\frac{1}{3} \cdot 9 = 3$
② Ohne Komma rechnen:

	3	4	·	8	7
		2	7	2	
+			2	3	8
		2	9	5	8

③ Ergebnis: $2,958 \approx 3$

1 Bilde zuerst die Summe aus der Anzahl der Nachkommastellen der beiden Dezimalzahlen. Setze dann das Komma im Ergebnis an die korrekte Stelle.

a) $1,4 \cdot 0,2 = 0\,2\,8$
Summe aus Nachkommastellen:
1 + 1 = ____

b) $1,5 \cdot 0,4 = 0\,6\,0$
Summe aus Nachkommastellen:
1 + ____ = ____

c) $0,05 \cdot 0,4 = 0\,0\,2\,0$
Summe aus Nachkommastellen:
____ + 1 = ____

d) $1,8 \cdot 0,002 = 0\,0\,0\,3\,6$
Summe aus Nachkommastellen:
____ + ____ = 4

2 Eins von den drei Ergebnissen ist jeweils korrekt. Finde es durch einen Überschlag heraus. Kreuze es dann an und setze das Komma.

a) $1,8 \cdot 7,4 =$
Überschlag:
2 · ____ = ____
☐ 1 532
☐ 1 332
☐ 1 132

b) $3,1 \cdot 1,24 =$
Überschlag:
3 · ____ = ____
☐ 7 844
☐ 5 844
☐ 3 844

c) $1,92 \cdot 0,59 =$
Überschlag:
2 · ____, ____ = ____
☐ 31 328
☐ 21 328
☐ 11 328

3 Berechne die Multiplikation schriftlich.

a) $4,9 \cdot 8,23 =$

8	2	3	·	4	9

b) $35,2 \cdot 0,9 =$

3	5	2	·	9

c) $81,5 \cdot 12,6 =$

8	1	5	·	1	2	6

d) $0,03 \cdot 6,08 =$

6	0	8	·	3

4 Tims Vater beklagt sich über die hohen Preise an den Tankstellen:
„Für 54,35 l Super bei einem Preis von 1,84 $\frac{€}{l}$ musste ich heute 100 € zahlen.“ Rechne nach.

Dezimalzahlen dividieren

Merkkasten

So dividierst du eine Zahl durch eine Dezimalzahl:
① Multipliziere beide Zahlen mit 10, 100, … bis der Divisor kein Komma mehr hat.
② Mache einen Überschlag.
③ Dividiere dann die Zahl durch die natürliche Zahl, so wie du es kennst.
④ Kontrolliere das Ergebnis mit dem Überschlag.

WEBCODE WES-121588-037

Beispiel

a) 9,342 : 2,7 = ?
① 9,342 : 2,7 =
93,42 : 27
② Überschlag:
90 : 30 = 3
③ 9 342 : 27 = 346
④ Ergebnis: 3,46 ≈ 3

b) 1,643 : 0,53 = ?
① 1,643 : 0,53 =
164,3 : 53
② Überschlag:
150 : 50 = 3
③ 1 643 : 53 = 31
④ Ergebnis: 3,1 ≈ 3

1 Multipliziere mit 10, 100, … und rechne im Kopf.

a) 0,48 : 0,12 = ____ : 12 = ____
b) 3,9 : 1,3 = ____ : ____ = ____
c) 0,9 : 0,18 = ____ : ____ = ____

2 Eine von den drei Zahlen ist jeweils das korrekte Ergebnis, aber ohne Komma. Multipliziere erst mit 10, 100, …. Mache dann einen Überschlag. Kreuze zum Schluss an und setze das Komma.

a) 18,96 : 0,8 = ____ : ____ =
Überschlag: 200 : 8 = ____
- 337 ☐
- 237 ☐
- 137 ☐

b) 0,686 : 0,7 = ____ : ____ =
Überschlag: ____ : 7 = ____
- 0098 ☐
- 098 ☐
- 198 ☐

3 Multipliziere beide Zahlen mit 10, 100 … sodass der Divisor kein Komma mehr hat. Welche von den drei Multiplikationen ist korrekt? Kreuze an.

a) 10,98 : 2,44 =
- 109,8 : 24,4 ☐
- 109,8 : 244 ☐
- 1098 : 244 ☐

b) 4,302 : 0,9 =
- 430,2 : 9 ☐
- 43,02 : 9 ☐
- 4 302 : 9 ☐

c) 10,01 : 0,55 =
- 10,01 : 55 ☐
- 100,1 : 55 ☐
- 1 001 : 55 ☐

4 Berechne die Division durch eine Dezimalzahl.

a) 115,01 : 5,3 = ____ : ____ = ____
b) 371,05 : 2,05 = ____ : ____ = ____

1 1 5 0 1 : 5 3 = 2
−

3 7 1 0 5 : 2 0 5 = 1

Kontrolle mit Überschlag: ____ ≈ ____
Kontrolle mit Überschlag: ____ ≈ ____

Sachrechnen

Merkkasten

Die Tipps helfen beim Lösen von Sachaufgaben:
① Hebe die Angaben z. B. farblich oder mit Unterstreichungen hervor.
② Rechne so, wie du es mit Dezimalzahlen kennst.
③ Kontrolliere dein Ergebnis mit einer Überschlagsrechnung.
④ Formuliere einen Antwortsatz.

WEBCODE WES-121588-038

Beispiel

Ein Orkan weht mit 120 $\frac{km}{h}$. Wie viel Knoten (kn) sind das, wenn 1 kn = 1,85 $\frac{km}{h}$ sind?

② Rechnung: 120 : 1,85 = 12 000 : 185 ≈ 64,86

③ Überschlag: 1 kn ≈ 2 $\frac{km}{h}$, 60 kn ≈ 120 $\frac{km}{h}$

④ Antwort: 120 $\frac{km}{h}$ = 64,86 kn

1 Die 6c hat eine Klassenkasse. Vor dem Klassenausflug waren 350 € in der Kasse, nach dem Ausflug sind es noch 131,60 €.

a) Wie viel Euro hat die Klasse für den Ausflug ausgegeben? ______

b) 28 von 30 Schülerinnen und Schüler nahmen am Ausflug teil. Wie viel Euro hat der Ausflug pro Kind gekostet?

2 Lionel möchte 250 g Scheibenkäse günstig kaufen. An der Käsetheke kosten 100 g 0,89 €, im Regal kostet eine 250 g Packung vom gleichen Käse 1,99 €.

a) „Ich brauche für den Preisvergleich ni… rechnen, denn auf der Packung steht schon der Preis für 100 g: 0,80 €.“ Vervollständige die Rechnung ____ € : 2,5 und berechne das Ergebnis. Stimmt der Preis für 100 g?

b) Wie viel Euro spart Lionel, wenn er die Packung kauft? ______

3 Ein Lebensmitteldiscounter bietet zwei Pakete für Telefonie und Surfen im Internet an:

Paket	Datenvolumen	Kosten	Dauer
Big	50 GB	99,99 €	52 Wochen
Small	3 GB	7,99 €	4 Wochen

a) Berechne das Datenvolumen und die Kosten für 4 Wochen beim Paket *Big*. Runde auf Zehntel.

b) Um wie viel Euro ist es teurer, wenn man ein Jahr lang immer nach Ablauf von 4 Wochen das Paket *Small* bucht?

Problemlösen

Tipp

Tipps zum Problemlösen

① Hebe farblich oder durch Unterstreichungen hervor, was gegeben ist.
② Schlage Wörter aus dem Aufgabentext nach, die du nicht verstehst.
③ Lies dir den Aufgabentext genau durch.
④ Kontrolliere dein Ergebnis mit einer Überschlagsrechnung.

1 Rechts ist ein Auszug aus einem Kontoauszug abgebildet.

a) Was bedeutet *Gutschrift?*

b) Was bedeutet *Lastschrift?*

c) Berechne den *neuen Kontostand,* trage ihn in das grüne Feld mit dem richtigen Zeichen (+ oder –) ein.

Alter Kontostand		1 203,15 +
GUTSCHRIFT Lohn für März 2022		929,62 +
LASTSCHRIFT SB-Möbelhaus	489,00 –	
Neuer Kontostand		

2 In der Stadt wird ein großes Bürohochhaus mit 9 Stockwerken und großer Eingangshalle gebaut. Sie wird 8,90 m hoch. Darauf werden die Stockwerke mit jeweils einer Höhe von 2,52 m errichtet.

a) Wie hoch ist das Bürohochhaus?

b) Neben dem Fahrstuhl wird auch ein Treppenhaus gebaut. Jede Stufe hat eine Höhe von 18 cm. Wie viele Stufen hat ein Stockwerk?

c) Die Baukosten von 78,3 Mio. € teilen sich der Investor (0,5), die Stadt (0,35) und das Bundesland (0,15). Wie hoch sind jeweils die Kosten?

Investor Stadt Bundesland

Dezimalzahlen addieren und subtrahieren (Seite 51)

1 Ergänze die Lücken mit den korrekten Ziffern.

a)

		7,	□	8
+	□ $_1$	5,	1$_1$	6
	3	2,	5	□

b)

	□,	0	2	1
−	3,$_1$	4	0	9
	4,	6	□	□

2 Welchen Umfang hat das Rechteck?

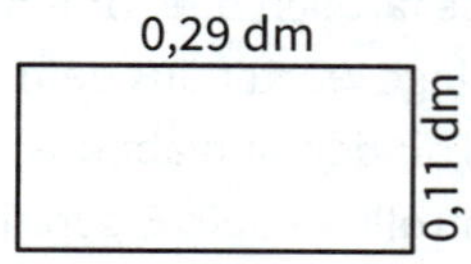

Dezimalzahlen mit Zehnerzahlen multiplizieren und dividieren (Seite 52)

1 Wie lautet die Zahl?

a) □ · 100 = 356
b) 12 : □ = 1,2
c) □ : 100 = 0,7
d) 4,05 · □ = 4050

2 ✪ Ersetze □ mit 10 oder 100 oder 1 000.

a) □ · 22,5 = 15 · 15
b) 360 : □ = □ · 0,36
c) □ · 1,025 = 999 + 26
d) 692 : □ = 7 − 0,08

Multiplikation und Division mit natürlichen Zahlen (Seite 53)

1 Berechne das Fünffache von 37,2.

2 Wie groß ist der sechste Teil von 112,2?

3 ✪ Bestätige durch Nachrechnen: 37,8 : 3 = 3 · 4,2.

4 Wie lang ist die Seite des Rechtecks?

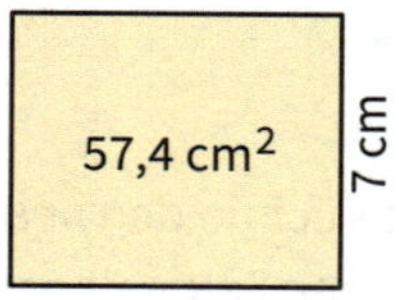

Dezimalzahlen multiplizieren (Seite 54)

1 Rechne nach und korrigiere wenn nötig.

a) 1,83 · 0,4 = 7,32
b) 1,5 · 2,7 = 4,05
c) 2,1 + 1,9 · 3,1 = 12,4

2 Wie viele km sind 4,2 Meilen, wenn 1 Meile = 1,6 km ist?

Dezimalzahlen dividieren (Seite 55)

1 Schreibe in die Lücke die korrekte Dezimalzahl.

a) 6,3 · □ = 11,34
b) 11,552 : 3,8 = □

2 Wie viele $\frac{m}{s}$ fährt ein Auto mit der Geschwindigkeit von 79,2 $\frac{km}{h}$? (3,6 $\frac{km}{h}$ = 1 $\frac{m}{s}$)?

Sachrechnen (Seite 56)

1 Jemand bezahlt für einen vollen Tank 91 € bei einem Preis von 1,82 $\frac{€}{l}$. Wie viel l fasst der Tank?

2 Die Reiseflughöhe von Passagierflugzeugen beträgt 34 000 Fuß (1 Fuß ≈ 0,305 m). Wie hoch fliegen die Flugzeuge in m?

Überprüfe dich selbst

1 Rechne schriftlich.

a) $13{,}2 \cdot 5$ b) $4{,}7 \cdot 3{,}2$

c) $208 : 3{,}2$

2 Der Durchmesser der Erde beträgt ca. 12 740 km. Das 3,14-fache davon ergibt den Umfang der Erde. Wie lang ist der Umfang?

3 Vladimir Salnikow schwamm als erster Mensch 1 500 m Freistil unter 15 min: 14 min 58,27 s. Um wie viele Sekunden unterbot er die 15 min?

4 Auf der 285,6 km langen Strecke von Hamburg nach Berlin braucht ein Auto 3 h. Wie groß ist seine durchschnittliche Geschwindigkeit in $\frac{km}{h}$?

6 Manuela berechnet den Durchschnitt ihrer drei Sprünge (4,82 m; 4,35 m; 4,51 m): Sie addiert die Weiten, teilt die Summe durch die Anzahl der Sprünge und berechnet 4,56 m. Rechne nach!

6 Rechne im Kopf!

a) $23{,}4 + 9{,}6 =$ ______ b) $10{,}37 : 1\,000 =$ ______

c) $0{,}9 \cdot 0{,}7 =$ ______ d) $0{,}56 : 0{,}8 =$ ______

7 Auf dem Auszug des Kassenbons einer Tankstelle stehen mehrere Dezimalzahlen.

Menge Einzelpreis Gesamtpreis
* Super Bleifre' Säule 9 ST:D *
* 32,63 Liter 1,829 EUR 59,68 EUR*
pro Liter *
*
GESAMTSUMME: 59,68 EUR
KUNDENBELEG

a) Wie lautet das Ergebnis von $32{,}63 \cdot 1{,}829$?

b) Mache einen Überschlag, um das Ergebnis zu bestätigen.

______

8 ✪ $\frac{2}{10}$ des 22 m x 30 m großen Grundstücks soll für Grünflächen genutzt werden. Wie viel m^2 haben die Grünflächen?

Quadratkilometer, Hektar, Ar und Quadratmeter

Merkkasten

Ein Quadrat mit der Seitenlänge von 1 m hat eine Fläche von 1 m^2. Neben der Flächeneinheit m^2 gibt es noch weitere für große Flächen. So rechnest du Flächeneinheiten um:

$100\,m^2 = 1$ Ar (a)
$100\,a = 1$ Hektar (ha)
$100\,ha = 1$ Quadratkilometer (km^2)
Die Umwandlungszahl für Flächeneinheiten ist 100.

WEBCODE WES-121588-039

Beispiel

Größere in kleinere Flächeneinheiten umrechnen:
a) $2{,}5\,a = 2{,}5 \cdot 1\,a = 2{,}5 \cdot 100\,m^2 = 250\,m^2$
b) $0{,}07\,ha = 0{,}07 \cdot 1\,ha = 0{,}07 \cdot 100\,a = 7\,a$

Kleinere in größere Flächeneinheiten umrechnen:
c) $370\,ha = 370 \cdot 1\,ha = 370 : 100\,km^2 = 3{,}7\,km^2$
d) $12\,m^2 = 12 \cdot 1\,m^2 = 12 : 100\,a = 0{,}12\,a$

1 Welche Fläche ist so groß wie 1 a? Kreuze an.

a) Quadrat mit der Seitenlänge 10 m ☐
b) Rechteck mit den Seitenlängen 20 m und 5 m ☐
c) Rechteck mit den Seitenlängen 30 m und 3 m ☐
d) Rechteck mit den Seitenlängen 2 m und 50 m ☐

2 Welche Aussage ist wahr (w), welche ist falsch (f)? Kreuze an.

a) 100 Ar passen genau in einen Hektar. ☐ w ☐ f
b) Ein Quadratkilometer ist hundertmal so groß wie ein Hektar. ☐ w ☐ f
c) $1\,ha = 1\,km^2 : 100 = \frac{1}{100}\,km^2 = 0{,}01\,km^2$ ☐ w ☐ f
d) Flächen, die ein Hektar groß sind, haben immer die Form eines Quadrats. ☐ w ☐ f

3 Rechne in die nächste kleinere Flächeneinheit um.

a) $4\,a =$ ______ b) $13\,ha =$ ______ c) $30\,km^2 =$ ______ d) $1{,}5\,a =$ ______

e) $2{,}8\,ha =$ ______ f) $0{,}6\,km^2 =$ ______ g) $1{,}29\,ha =$ ______ h) $0{,}851\,a =$ ______

4 Rechne in die nächste größere Flächeneinheit um.

a) $300\,ha =$ ______ b) $1\,700\,a =$ ______ c) $65\,000\,m^2 =$ ______ d) $350\,m^2 =$ ______

e) $601\,ha =$ ______ f) $313\,m^2 =$ ______ g) $95\,ha =$ ______ h) $51{,}2\,m^2 =$ ______

5 Ein Fußballfeld hat die Maße 68 m und 105 m. Mache eine Überschlagsrechnung für den Flächeninhalt und gebe ihn in Ar an.

______

______

Oberfläche von Würfel und Quader

Merkkasten

Die Oberfläche eines Körpers ist die Summe der Flächen seines Netzes.
Das Netz eines Würfels mit der Kantenlänge a besteht aus 6 gleichgroßen Quadraten. Sein Oberflächeninhalt beträgt $O = 6 \cdot a \cdot a = 6 \cdot a^2 = 6a^2$
Das Netz eines Quaders mit den Kantenlängen a, b und c besteht aus 3 verschiedenen Paaren von Rechtecken. Sein Oberflächeninhalt beträgt
$O = 2 \cdot a \cdot b + 2 \cdot a \cdot c + 2 \cdot b \cdot c = 2ab + 2ac + 2bc$

WEBCODE WES-121588-040

Beispiel

Würfel mit a = 4 cm:

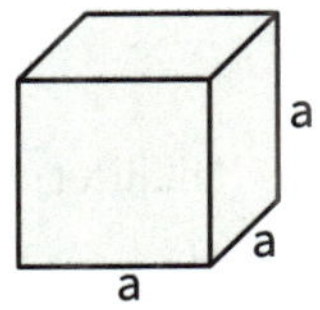

$O = 6 \cdot 4^2\,cm^2 = 96\,cm^2$

Quader mit a = 2 cm, b = 3 cm und c = 6 cm:

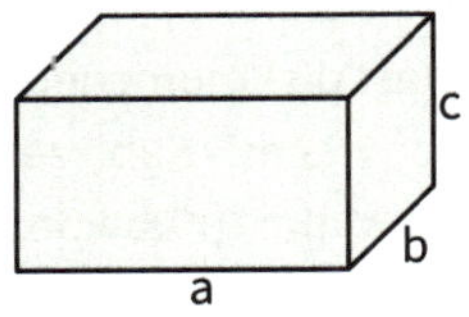

$O = 2 \cdot 2 \cdot 3\,cm^2 + 2 \cdot 2 \cdot 6\,cm^2 + 2 \cdot 3 \cdot 6\,cm^2 = 72\,cm^2$

1 Miss die Kantenlängen und berechne dann den Oberflächeninhalt.

a) Würfel

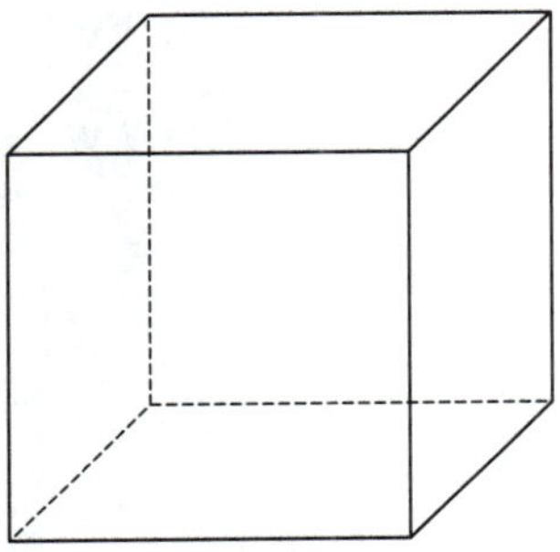

$O = 6 \cdot \underline{\qquad\qquad}\,cm^2 = \underline{\qquad\qquad}\,cm^2$

b) Quader

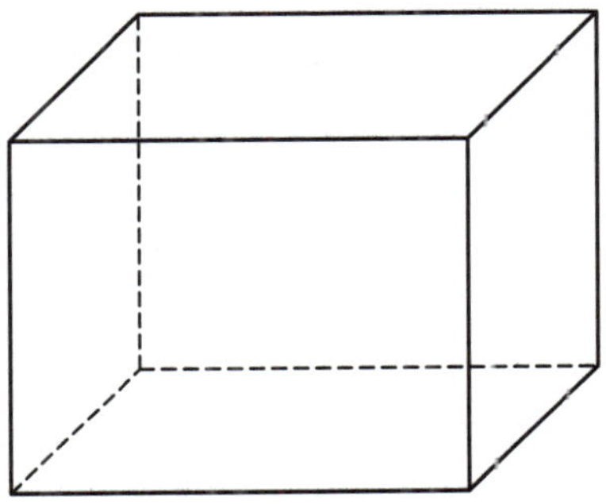

$O = 2 \cdot \underline{\qquad}\,cm^2 + 2 \cdot \underline{\qquad}\,cm^2 + 2 \cdot \underline{\qquad}\,cm^2$

$O = \underline{\qquad\qquad}\,cm^2$

2 Berechne die Oberfläche des Quaders, dessen Netz abgebildet ist.

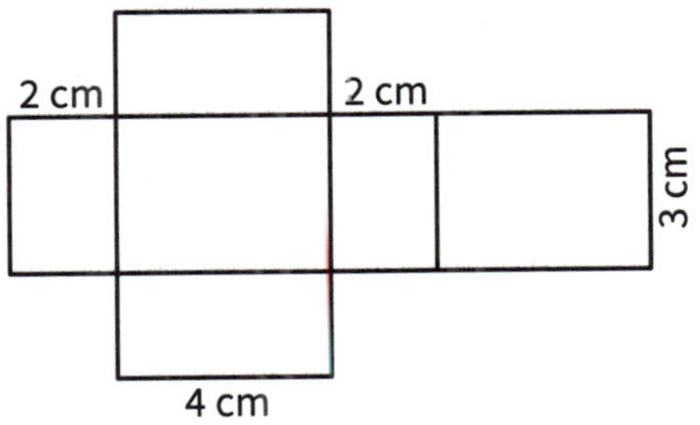

$O = 2 \cdot \underline{\qquad} + 2 \cdot \underline{\qquad}\,cm^2 +$

$2 \cdot \underline{\qquad}\,cm^2$

$O = \underline{\qquad\qquad}\,cm^2$

3 Vervollständige die Berechnung der Oberfläche eines Quaders. Gib die Längen seiner Kanten an.

a) $O = 2 \cdot 4 \cdot 5\,cm^2 + 2 \cdot 4 \cdot 8\,cm^2 + 2 \cdot \underline{\qquad} \cdot \underline{\qquad}\,cm^2$ a = ____ cm; b = ____ cm; c = ____ cm

b) $O = 2 \cdot 8\,cm^2 + 2 \cdot 10\,cm^2 + 2 \cdot \underline{\qquad}\,cm^2$ a = 2 cm; b = ____ cm; c = ____ cm

4 Ein Quader hat eine quadratische Grundfläche von $16\,cm^2$ und eine Höhe von 8 cm.
Wie groß ist seine Oberfläche?

dm^3, cm^3, mm^3, l und ml

Merkkasten

Ein Würfel mit der Kantenlänge von 1 mm hat ein Volumen von 1 mm^3. Die Volumeneinheit mm^3 heißt Kubikmillimeter.
So rechnest du Volumeneinheiten um:
1 000 mm^3 = 1 cm^3 (Kubikzentimeter) = 1 ml (Milliliter)
1 000 cm^3 = 1 dm^3 (Kubikdezimeter) = 1 l (Liter)
Die Umwandlungszahl für Volumeneinheiten ist 1 000.

WEBCODE WES-121588-041

Beispiel

Größere in kleinere Volumeneinheiten umrechnen:
a) $5{,}7\,cm^3 = 5{,}7 \cdot 1\,cm^3 = 5{,}7 \cdot 1\,000\,mm^3 = 5\,700\,mm^3$
b) $0{,}3\,dm = 0{,}3 \cdot 1\,dm^3 = 0{,}3 \cdot 1\,000\,cm^3 = 300\,cm^3$

Kleinere in größere Volumeneinheiten umrechnen:
c) $82\,mm^3 = 82 \cdot 1\,mm^3 = 82 : 1\,000\,cm^3 = 0{,}082\,cm^3$
d) $500\,ml = 500 \cdot 1\,ml = 500 : 1\,000\,l = 0{,}5\,l$

1 Welche Aussage ist wahr (w), welche ist falsch (f)? Kreuze an.

a) In einen Kubikzentimeter passen 1 000 Würfel mit der Kantenlänge von 1 mm. ☐ w ☐ f
b) Ein Liter fasst 1 000 Würfel mit jeweils einem Volumen von 1 cm^3. ☐ w ☐ f
c) $1\,cm^3 = 1\,dm^3 : 1\,000 = \frac{1}{1\,000}\,dm^3 = 0{,}001\,dm^3$ ☐ w ☐ f
d) $1\,ml = 1\,cm^3 = \frac{1}{1\,000}\,dm^3 = \frac{1}{1\,000}\,l = 0{,}001\,l$ ☐ w ☐ f

2 Rechne in die nächste kleinere Volumeneinheit um.

a) $8\,dm^3$ = ______ b) 3 l = ______ c) $15\,cm^3$ = ______ d) 9 ml = ______
e) $3{,}5\,cm^3$ = ______ f) $6{,}81\,dm^3$ = ______ g) 0,7 l = ______ h) 0,382 ml = ______

3 Rechne in die nächste größere Volumeneinheit um.

a) $8\,000\,cm^3$ = ______ b) $22\,000\,cm^3$ = ______ c) $400\,000\,mm^3$ = ______ d) $6\,700\,cm^3$ = ______
e) $5\,320\,mm^3$ = ______ f) 350 ml = ______ g) $99\,cm^3$ = ______ h) 5 ml = ______

4 Eine Person in Deutschland verbraucht durchschnittlich 129 l Wasser an einem Tag.

a) Wie viel l verbraucht die Person im Jahr?

______

______

b) Rechne den Jahresverbrauch in Kubikmeter (m^3) um ($1\,m^3 = 1\,000\,l$).

______

c) Durchschnittlich kostet ein Liter Leitungswasser 0,2 Cent. Wie viel muss die Person für ihren Jahresverbrauch bezahlen?

______

______

Volumen von Würfel und Quader

Merkkasten

Das Volumen gibt den Rauminhalt eines Körpers an. So berechnest du den Volumeninhalt V von einem Würfel mit der Kantenlänge a:

$V = a \cdot a \cdot a = a^3$

So berechnest du den Volumeninhalt V von einem Quader mit den Kantenlängen a, b und c:

$V = a \cdot b \cdot c$

WEBCODE WES-121588-042

Beispiel

Würfel mit a = 4 cm:

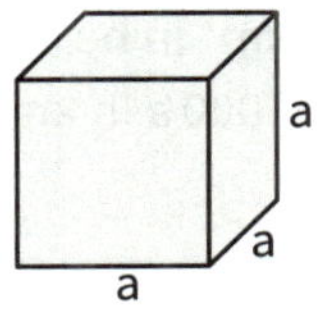

$V = 4 \cdot 4 \cdot 4\,cm^3 = 64\,cm^3$

Quader mit a = 2 cm, b = 3 cm und c = 6 cm:

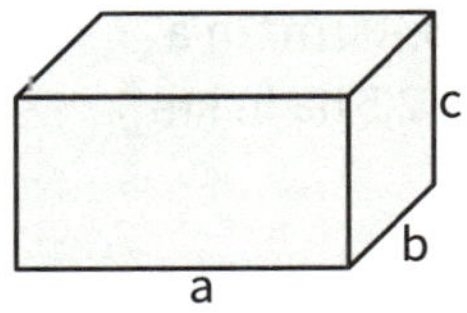

$V = 2 \cdot 3 \cdot 6\,cm^3 = 36\,cm^3$

1 Berechne das Volumen.

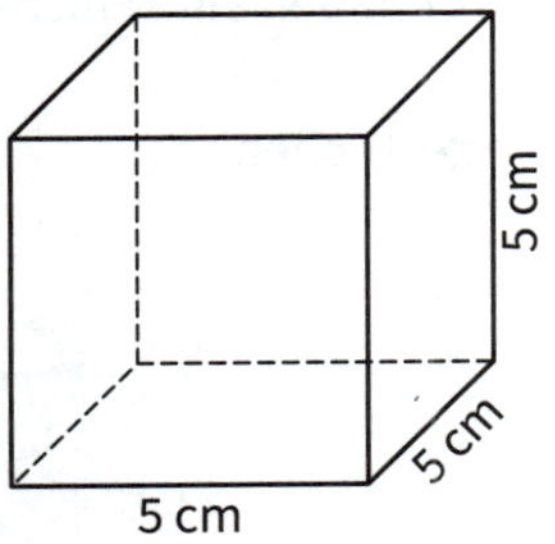

V = ______________________

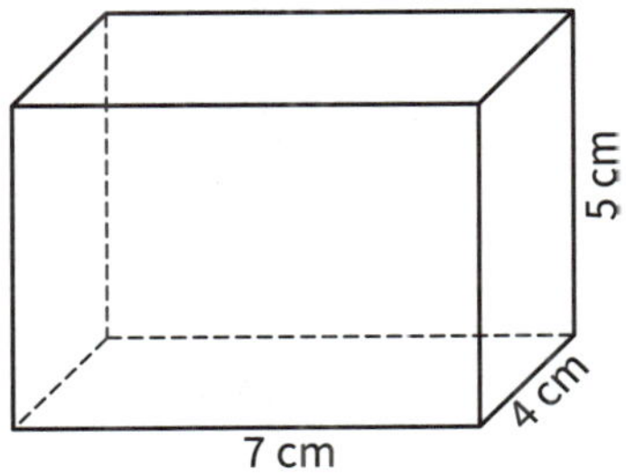

V = ______________________

2 Berechne das Volumen des Quaders mit den Kantenlängen a, b und c.

a) a = 4 cm, b = 5 cm, c = 6 cm

V = ______________ cm^3

b) a = 6 cm, b = 0,5 dm, c = 15 mm

V = ______________

c) a = b = 4 cm, c = 10 cm

V = ______________

3 Thomas meint: „Wenn ich in $V = a \cdot b \cdot c$ für das Produkt $a \cdot b$ die Grundfläche G des Quaders schreibe, dann kann ich das Volumen mit $V = G \cdot c$ berechnen." Berechne nach Thomas' Vorschlag das Volumen.

a) $G = 10\,cm^2$, c = 5 cm

V = ______________ cm^3

b) $G = 1{,}3\,dm^2$, c = 3 dm

V = ______________

c) $G = 25\,cm^2$, c = 1,2 dm

V = ______________

d) $G = 0{,}08\,m^2$, c = 3 dm

V = ______________

4 Kurz vor Beginn der Badesaison wird das 15 m breite und 25 m lange Schwimmbecken bis zur Oberkante mit Wasser gefüllt.
Wie viel Liter Wasser passen in das Becken?

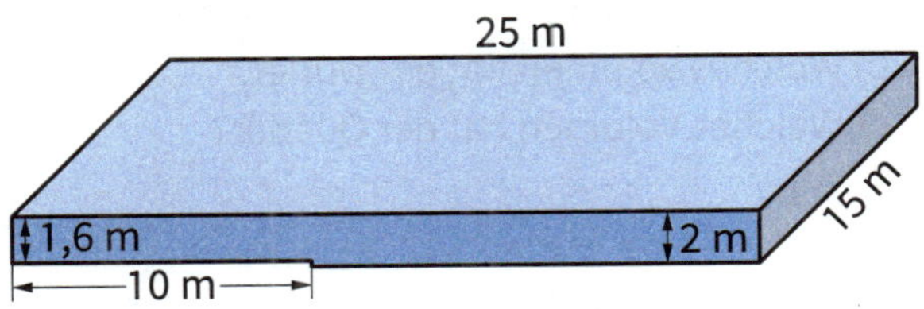

____

____

____

____

Quadratkilometer, Hektar, Ar und Quadratmeter (Seite 60)

1 Rechne in die angegebene Einheit um.
a) 3400 m^2 in a
b) 2,61 km^2 in ha
c) 12,5 ha in km^2
d) ✪ 67 000 a in km^2

2 Bauer Harms besitzt 8,7 ha Ackerfläche. Von seinem Nachbarn, der seinen kleinen Hof aufgibt, hat er 112 a gekauft. Wie viel ha besitzt er jetzt?

Oberfläche von Würfel und Quader (Seite 61)

1 Berechne die Oberfläche des Würfels.
a) a = 5 cm
b) a = 2 cm 3 mm

2 Berechne die Oberfläche des Quaders.
a) a = 10 cm, b = 5 cm, c = 7 cm
b) a = 0,8 dm, b = 4,5 cm, c = 20 mm

3 ✪ Die Wände und die Decke des Klassenzimmers der 6a werden in den Osterferien von einer Malerfirma gestrichen. Es ist 8,5 m lang, 6 m breit und 3 m hoch. Die Fenster und die Tür haben eine Fläche von 8 m^2.
Wie viel m^2 Fläche werden gestrichen?

dm^3, cm^3, mm^3, l und ml (Seite 62)

1 Rechne in die angegebene Einheit um.
a) 3400 mm^3 (cm^3)
b) 1 250 ml (l)
c) 710 cm^3 (dm^3)
d) 0,934 dm^3 (l)
e) 56 cm^3 (mm^3)
f) 0,3 l (ml)

4 Korrigiere den Fehler.
a) 23 cm^3 = 23 l
b) 7 805 ml = 78,05 l
c) 0,74 dm^3 = 74 ml
d) 9,2 cm^3 = 0,092 dm^3
e) 151 l = 151 000 dm^3
f) 0,1 cm^3 = 0,0001 mm^3

Volumen von Würfel und Quader (Seite 63)

1 Berechne das Volumen.
a) Würfel mit einer Kantenlänge von 15 mm.
b) Quader mit den Kantenlängen a = 3,5 cm, b = 4 cm und c = 7 cm.

2 Der Quader rechts besteht aus drei Würfeln mit jeweils einer Kantenlänge von 5 cm.
a) Gib die Längen der Kanten des Quaders an.
b) Welches Volumen hat ein Würfel?
c) Welches Volumen hat der Quader?

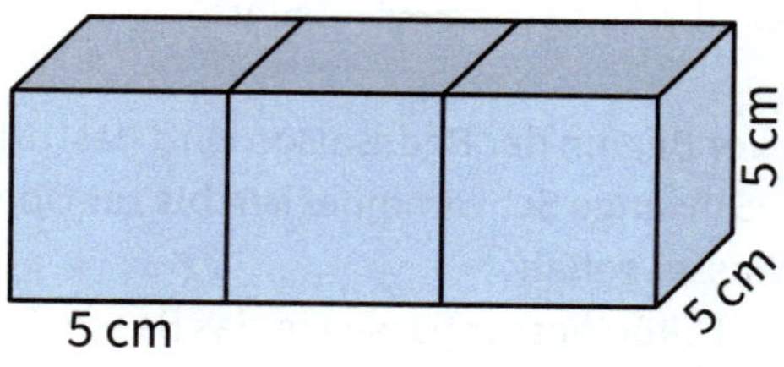

3 Ein erwachsener Mensch soll 1,5 l Flüssigkeit pro Tag trinken. Passt die über ein Jahr aufgenommene Menge an Flüssigkeit in einen Würfel mit 8 dm Kantenlänge? Rechne nach!

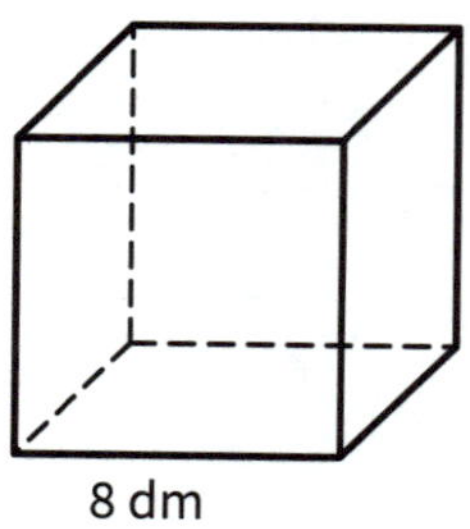

Überprüfe dich selbst

1 Rechne in die gesuchte Einheit um.

a) 75 a = ____ m^2 b) 1 560 ml = ____ dm^3

c) 0,82 mm^3 = ____ cm^3 d) 391 ha = ____ km^2

2 Berechne die Oberfläche und das Volumen:

a) Würfel mit a = 2,5 cm:

O = ____

V = ____

b) Quader mit a = 2,5 cm, b = 4 cm, c = 5 cm:

O = ____

V = ____

3 Wie viel a sind es?

a) 250 m^2 = ____ a

b) 3,8 ha = ____ a

c) ✪ 0,2 km^2 = ____ a

4 ✪ Eine Ackerfläche hat eine Fläche von 1,2 ha. Wie lang ist die Fläche, wenn ihre Breite 60 m beträgt?

5 Ben möchte ein Buch als Geschenk verpacken. Er benutzt dafür eine 822 cm^2 große Zeitungsseite. Das Buch ist 19 cm lang, 13 cm breit und 3 cm hoch. Reicht das Zeitungspapier aus, um das Geschenk zu verpacken?

6 Ein Elefant trinkt ca. 1 050 l Wasser pro Woche. Wie viel m^3 Wasser trinkt er in einem Jahr?

7 Ein 7,5 t LKW mit Plane hat eine Ladefläche von 6 m Länge und 2,5 m Breite.

a) Wie groß ist das Ladevolumen, wenn die Höhe 2,5 m beträgt?

b) ✪ Wie groß ist die Fläche der Plane?

8 ✪ Ein Mensch von ca. 75 kg atmet pro Minute ca. 7,5 l Luft ein und aus.
Ist das Volumen der an einem Tag geatmeten Luft mehr als das Volumen von 10 Würfeln mit der Kantenlänge von einem Meter? Rechne nach.

9 ✪ Die Grundfläche eines Würfels hat einen Umfang von 20 cm. Welches Volumen hat der Würfel?

Mittelwert, Spannweite und Median

Merkkasten

Der *Mittelwert* oder *Median* trifft eine Aussage über die Lage der „Mitte" von gegebenen Daten.
- Mittelwert (Durchschnitt): Addiere alle Daten und teile die Summe durch die Anzahl der Daten.
- Median (Zentralwert): Ordne die Daten nach ihrer Größe und notiere den Wert in der Mitte.

  Die *Spannweite* trifft eine Aussage, ob die Daten eher nah oder weit zueinander liegen.
- Spannweite: Berechne die Differenz zwischen größten und kleinsten Wert aus der Liste der Daten.

WEBCODE WES-121588-043

Beispiel

a) Daten: 4; 2; 8; 3; 5
- Mittelwert = 4,4

  $(4 + 2 + 8 + 3 + 5) : 5 = 4,4$
- Median = 4

  Geordnete Daten: 2; 3; 4; 5; 8
- Spannweite = 6

  $8 - 2 = 6$

b) (geordnete) Daten: 2; 2; 3; 4; 5; 8
Bei gerader Anzahl von Werten berechnet sich der Median so: $(3 + 4) : 2 = 3,5$

1 5 Schülerinnen und Schüler wurden nach ihrem wöchentlichen Taschengeld befragt: 12 €; 10 €; 8 €; 10 €; 15 €.

a) Berechne den Mittelwert.

b) Berechne den Median. Ordne vorher die Liste nach ihrer Größe.

c) Wie groß ist die Spannweite?

2 Lilly hat ihre Weiten beim Weitsprung notiert: 4,83 m; 5,01 m; 4,96 m; 4,73 m.

a) Wie groß ist ihre durchschnittliche Weite? Runde auf Hundertstel.

b) Berechne die Spannweite.

c) Wie groß ist der Zentralwert? Runde auf Hundertstel.

3 Der Mittelwert und der Median wurden aus den Daten 4; 7; 2; 1; 2; 8 falsch berechnet. Beschreibe den Fehler und rechne richtig.

a) $(4 + 7 + 2 + 1 + 2 + 8) : 5 = 4,8$

b) $(2 + 1) : 2 = 1,5$

Absolute und relative Häufigkeit

Merkkasten

Die *absolute Häufigkeit* bezeichnet die Anzahl, mit der ein bestimmter Wert auftritt. Du bestimmt sie z. B. aus einer Tabelle oder einem Säulendiagramm.
Die *relative Häufigkeit* bezeichnet den Anteil an der Gesamtzahl, den ein bestimmter Wert hat.
So berechnest du sie:

$$\text{relative Häufigkeit} = \frac{\text{absolute Häufigkeit}}{\text{Gesamtzahl der Werte}}$$

WEBCODE WES-121588-044

Beispiel

Lieblingsfächer der 6a: Es wurden 26 Schülerinnen und Schüler befragt.

Lieblingsfach	Mathe	Deutsch	Sport
absolute Häufigkeit	6	12	8
relative Häufigkeit	$\frac{6}{26}$	$\frac{12}{26}$	$\frac{8}{26}$

1 In der Tabelle ist der Notenspiegel der Mathematikarbeit in der 6c dargestellt. 24 Schülerinnen und Schüler haben die Arbeit geschrieben, 2 fehlten.

Note	1	2	3	4	5	6
Anzahl	2	4	8	6	4	–

a) Gib die absolute Häufigkeit jeder Note an. Trage sie in die Tabelle ein.

b) Berechne die relative Häufigkeit jeder Note. Trage sie als Bruch in die Tabelle ein.

Note	1	2	3	4	5	6
absolute Häufigkeit						
relative Häufigkeit						

2 Das Säulendiagramm zeigt die Anzahl der Fernsehgeräte in 14 befragten Familien.

a) Lies die absolute Häufigkeit der Anzahl von Fernsehern ab und trage sie in die Tabelle ein.

b) Berechne die relative Häufigkeit als Dezimalzahl auf Hundertstel und trage sie in die Tabelle ein.

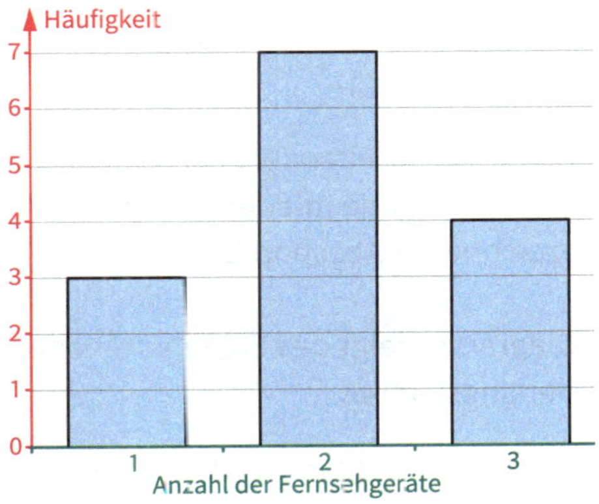

Anzahl Fernseher	1	2	3
absolute Häufigkeit			
relative Häufigkeit			

3 Die Tabelle zeigt die absolute und relative Häufigkeit des wöchentlichen Taschengelds in einer sechsten Klasse. Vervollständige die Tabelle.

	8 €	9 €	10 €	12 €	14 €
absolute Häufigkeit			8		
relative Häufigkeit	$\frac{4}{24}$	$\frac{3}{24}$		$\frac{5}{24}$	

Streifendiagramm

Merkkasten

Ein *Streifendiagramm* stellt relative Häufigkeiten durch unterschiedliche lange Abschnitte in einem Streifen dar.
So zeichnest du ein Streifendiagramm:
① Zeichne einen Streifen mit geeigneter Länge.
② Berechne die Länge der Abschnitte, indem du die relativen Häufigkeiten mit der Länge multiplizierst.
③ Kontrolliere, ob die Summe der Längen der Abschnitte die Länge des Streifens ergibt.
④ Zeichne die Abschnitte in den Streifen. Beginne mit dem längsten Abschnitt.

▶ WEBCODE WES-121588-045

Beispiel

Lieblingsessen	Pizza	Nudeln	Salat
relative Häufigkeit	0,35	0,2	0,45

① Streifen mit Länge von 10 cm zeichnen.
② Pizza: 0,35 · 10 cm = 3,5 cm; Nudeln: 0,2 · 10 cm = 2 cm; Salat: 0,45 · 10 cm = 4,5 cm
③ 3,5 cm + 2 cm + 4,5 cm = 10 cm √
④ Abschnitte einzeichnen:

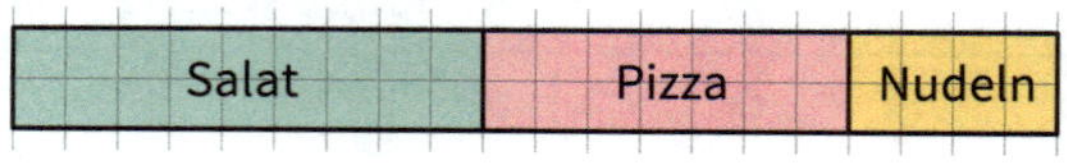

1 In der Tabelle stehen die Häufigkeiten zur Anzahl der Fernseher nach einer Umfrage unter 14 Familien.

Anzahl Fernseher	1	2	3
absolute Häufigkeit	3	7	4
relative Häufigkeit	0,21	0,5	0,29

a) Berechne die Länge der drei Abschnitte für ein Streifendiagramm der Länge 10 cm.

1 Fernseher: 0,21 · ______ cm = ______ cm   2 Fernseher: ______   3 Fernseher: ______

b) Zeichne die Streifenabschnitte in den Streifen. Beginne mit dem längsten. Bezeichne die Abschnitte.

2 Das Diagramm zeigt das Ergebnis einer Umfrage nach der Lieblingslektüre.

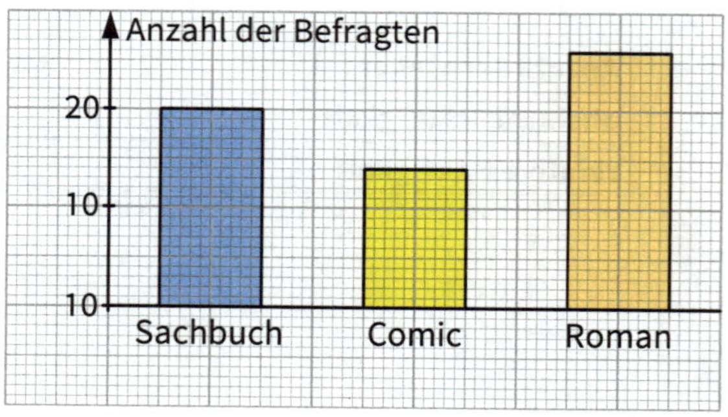

a) Lies die absoluten Häufigkeiten aus dem Diagramm ab:

Sachbuch: ______, Comic: ______, Roman: ______

b) Wie viele Menschen wurden befragt?

______

c) Berechne die Länge der Abschnitte für ein Streifendiagramm mit der Länge von 15 cm.

Sachbuch: ______, Comic: ______, Roman: ______

d) Zeichne das Streifendiagramm (2 Kästchen entsprechen 1 cm)

Merkkasten

Ein *Kreisdiagramm* stellt relative Häufigkeiten durch unterschiedliche große Kreisausschnitte in einem Kreis dar.

So zeichnest du ein Kreisdiagramm:

① Berechne den Winkel für die Größe des Kreisausschnitts, indem du die relative Häufigkeit mit 360° multiplizierst.

② Kontrolliere, ob die Summe der Winkel 360° ergibt.

③ Zeichne die Kreisausschnitte in einen Kreis. Beginne mit dem größten Winkel.

WEBCODE WES-121588-046

Beispiel

Lieblingsessen	Pizza	Nudeln	Salat
relative Häufigkeit	0,35	0,2	0,45

① Pizza: $0{,}35 \cdot 360° = 126°$;
Nudeln: $0{,}2 \cdot 360° = 72°$;
Salat: $0{,}45 \cdot 360° = 162°$

② $126° + 72° + 162° = 360°$ √

③ Kreisausschnitte in Kreis zeichnen.

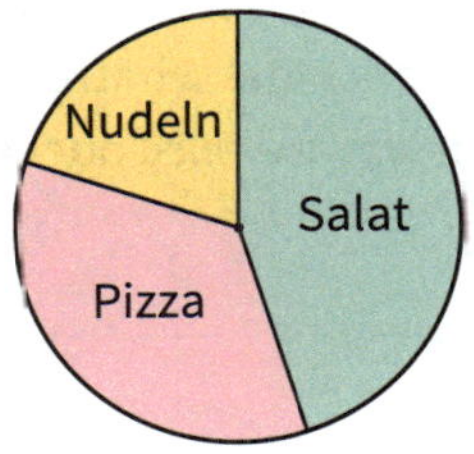

1 30 Schülerinnen und Schüler wurden gefragt, was sie am liebsten in ihrer Freizeit machen.

	Sport treiben	**Musik hören**	**Fern-sehen**	**Spielen**	**Lesen**	**Summe**
Relative Häufigkeit	0,3	0,17	0,23	0,1	0,2	1

a) Berechne die Winkel für die Kreisausschnitte.

Sport treiben: $0{,}3 \cdot 360° =$ ______ °

Musik hören: ____________; Fernsehen: ____________

Spielen: ____________; Lesen: ____________

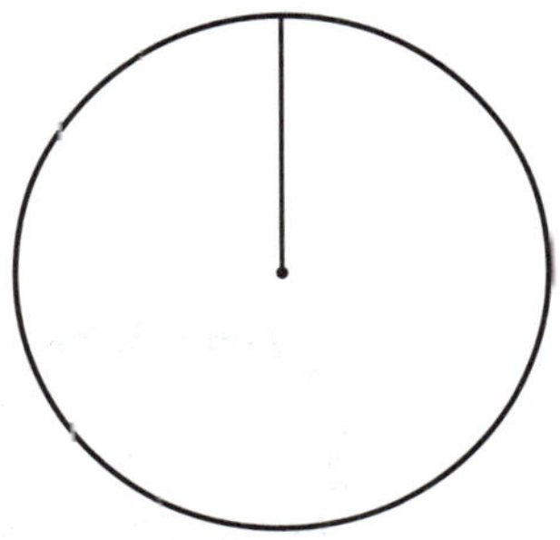

b) Kontrolliere, ob die Summe der Winkel 360° ergibt.

108° + ____________

c) Zeichne die Kreisausschnitte in den Kreis. Bezeichne sie.

2 Das Säulendiagramm zeigt das Ergebnis einer Klassensprecherwahl. Zeichne ein Kreisdiagramm.
Berechne die Winkel der Kreisausschnitte, trage sie in den Kreis ein und bezeichne die Ausschnitte.

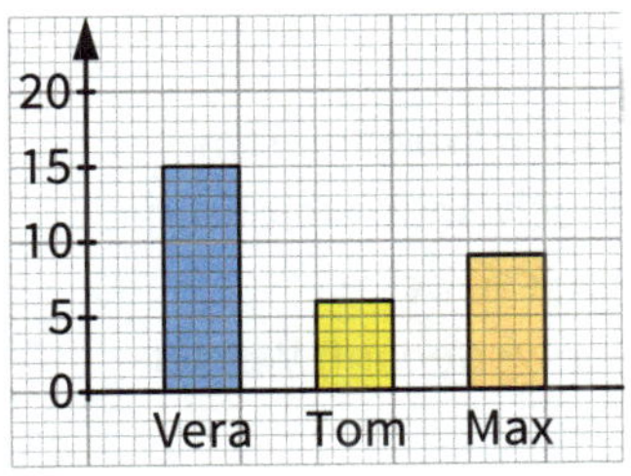

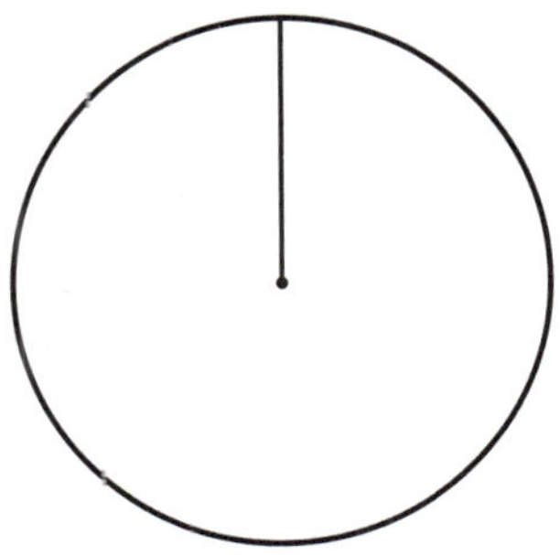

Zufallsversuche

Merkkasten

Zufallsversuche sind Experimente, bei denen du das Auftreten der möglichen Ergebnisse nicht genau vorhersagen kannst.
Die Wahrscheinlichkeit für ein Ergebnis lässt sich aber manchmal schätzen und mit Worten wie z. B. *weniger wahrscheinlich* oder *eher wahrscheinlich* beschreiben.

WEBCODE WES-121588-047

Beispiel

Zufallsversuch *Wäscheklammern werfen.*
Mögliche Ergebnisse sind:

Wäscheklammer liegt auf der Seite.

Wäscheklammer liegt auf dem Rücken.

1 Gib die möglichen Ergebnisse des Zufallsversuches an.

a) Reißnagel werfen

Ergebnisse: ______________________________

____

b) Glücksrad drehen

Ergebnisse: ______________________________

____

c) Kugel ziehen

Ergebnisse: ______________________________

____

d) Spielwürfel werfen

Ergebnisse: ______________________________

____

2 Penelope wirft mit beiden Händen Wäscheklammern auf den Tisch. Sie will die Wahrscheinlichkeit für das Auftreten der möglichen Ergebnisse beim Zufallsversuch *Wäscheklammer werfen* mit Worten beschreiben.
Hilf ihr beim Ankreuzen der Chance für das jeweilige Ergebnis.

	unwahrscheinlich	weniger wahrscheinlich	eher wahrscheinlich
a) Wäscheklammer liegt auf der Seite.	☐	☐	☐
b) Wäscheklammer liegt auf dem Rücken.	☐	☐	☐
c) Wäscheklammer steht auf dem Kopf.	☐	☐	☐

Wahrscheinlichkeiten bestimmen

Merkkasten

Chancen, man sagt auch Wahrscheinlichkeiten, von möglichen Ergebnissen bei Zufallsversuchen kannst du so berechnen:

① Führe den Zufallsversuch oft durch und notiere die absoluten Häufigkeiten aller Ergebnisse.

② Berechne die relativen Häufigkeiten. Sie sind eine gute Schätzung für die Wahrscheinlichkeit.

WEBCODE WES-121588-048

Beispiel

Zufallsversuch *Wäscheklammern werfen.*

Ergebnis	absolute Häufigkeit	relative Häufigkeit
Seite	365	$\frac{365}{500} = \frac{73}{100} = 0{,}73$
Rücken	135	$\frac{135}{500} = \frac{27}{100} = 0{,}27$

Bei diesem Zufallsversuch beträgt die Wahrscheinlichkeit für „Seite“ 0,73 und für „Rücken“ 0,27.

1 Beim Zufallsversuch *Reißnagel werfen* wurden 4-mal hintereinander 50 Reißnägel geworfen und die absoluten Häufigkeiten in einer Tabelle notiert.

Ergebnis	absolute Häufigkeit
Reißnagel auf dem Kopf	80
Reißnagel auf der Seite	120

a) Wie groß ist die Wahrscheinlichkeit von

„Reißnagel auf der Seite“? ______

b) Wie groß ist die Wahrscheinlichkeit von

„Reißnagel auf dem Kopf“? ______

2 Helene hat eine Münze geworfen. Mit Hilfe einer Strichliste hat sie die absoluten Häufigkeiten der möglichen Ergebnisse „Zahl“ und „Bild“ notiert.

Jakob:

Zahl	卌 卌 卌 I
Bild	卌 卌 卌 卌 IIII

a) Wie oft hat sie die Münze geworfen?

______

b) Wie groß ist die Wahrscheinlichkeit von „Zahl“?

______

c) Wie groß ist die Wahrscheinlichkeit von „Bild“?

______

3 Berechne mithilfe des Balkendiagramms die Wahrscheinlichkeiten für die Augen „1“ bis „6“ des Spielsteins. Runde auf Hundertstel.

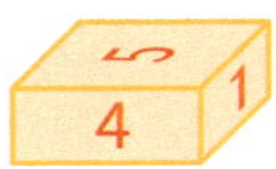

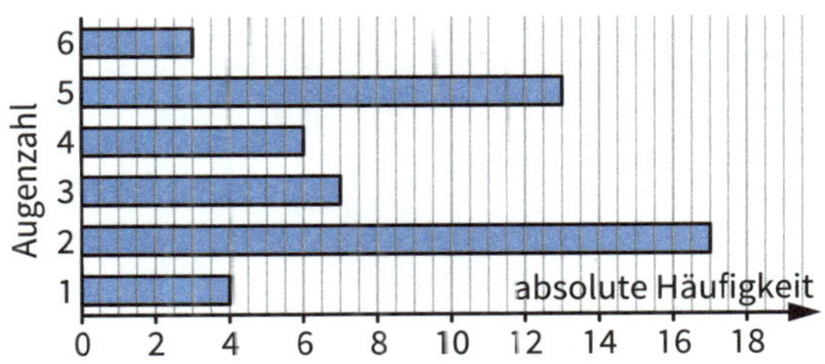

„1“: ______ „2“: ______

„3“: ______ „4“: ______

„5“: ______ „6“: ______

Darstellen

Tipp

Tipps zur Berechnung der Mitte von Daten

① Mit einem *Ausreißer* umgehen:
- Was ist ein Ausreißer? Ein Wert in den Daten, der stark von den anderen abweicht.
- Ermittle für die Mitte der Daten den Median!

② Mit MEHRFACHNENNUNGEN bei der Berechnung des Mittelwerts umgehen:
- Was sind Mehrfachnennungen? Ein Wert in den Daten kommt mehr als einmal vor.
- Multipliziere den Wert mit seiner absoluten Häufigkeit und addiere das Ergebnis zu den anderen Werten.

Tipps zur Wahl des geeigneten Diagramms

③ Darstellung von *absoluten Häufigkeiten:*
- Balken- oder Säulendiagramm

④ Darstellung von *relativen Häufigkeiten:*
- Streifendiagramm: Wähle eine Länge von 10 cm oder 20 cm.
- Kreisdiagramm: Runde die Winkel der Kreisausschnitte auf Einer.

⑤ *Mehrfachnennungen* bei Umfragen:
- Woran erkennst du Mehrfachnennungen? Die Summe der relativen Häufigkeiten ist größer als 1.
- Zeichne z. B. ein Säulendiagramm, wo du die relativen Häufigkeiten auf der Hochachse abträgst.

1 Dies sind Preise für ein gebrauchtes Smartphone auf einer Internetseite für Preisvergleiche: 176,49 €; 121,95 €; 123,99 €; 127,95 €; 119,95 €.
Berechne eine geeignete Mitte und begründe die Wahl deiner Mitte.

2 Die Tabelle zeigt die Anzahl an Personen pro Auto bei insgesamt 49 Autos. Berechne die durchschnittliche Anzahl von Personen in einem Auto.

Personen	1	2	3	4	5
Anzahl	20	13	10	5	2

3 Bei einer Umfrage zu Haustieren ergaben sich die folgenden relativen Häufigkeiten: Hunde: 0,55; Katzen: 0,21; Kaninchen: 0,14; Vögel: 0,18; Fische: 0,12; Meerschweinchen: 0,1

a) Haben einige Familien verschiedene Haustiere? Begründe deine Antwort.

b) Vervollständige das angefangene Säulendiagramm.

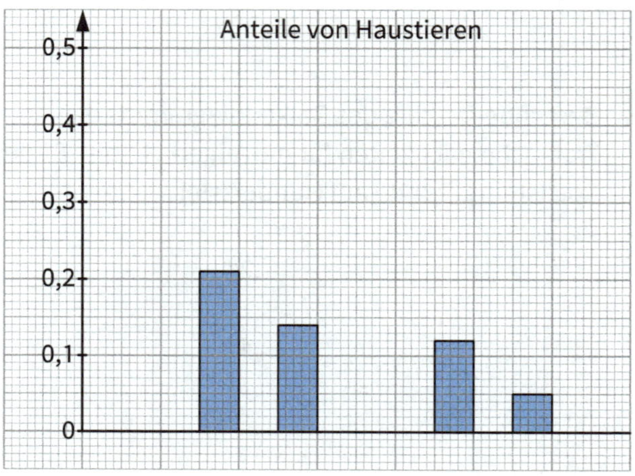

Mittelwert, Spannweite und Median (Seite 66)

1 Aus sechs Zahlen wurden die folgenden Werte berechnet:
- Median: $(5 + 6):2 = 5{,}5$
- Spannweite: $10 - 3 = 7$
- Mittelwert: (___ + ___ + ___ + ___ + 7 + ___) : 6 = 6

Fülle die Lücken aus.

2 Ist die Aussage wahr (w) oder falsch (f)? Kreuze an.

a) Die Spannweite ist der Mittelwert aus dem kleinsten und größten Wert. w ☐ f ☐

b) Links und rechts vom Median liegen gleich viele Werte. w ☐ f ☐

Absolute und relative Häufigkeit (Seite 67)

1 Die Schülerinnen und Schüler der 6d wurden gefragt, wie sie zur Schule kommen: Mit dem Bus (14), mit dem Fahrrad (10), zu Fuß (4) und mit dem Zug (2).
Berechne jeweils die relative Häufigkeit.

2 In einer sechsten Klasse mit 27 Schülerinnen und Schüler beträgt der Anteil der Schülerinnen $\frac{5}{9}$.
Wie groß ist die absolute Häufigkeit für Jungen und für Mädchen?

Streifendiagramm (Seite 68)

1 Die Strichliste ist das Ergebnis einer Umfrage unter 50 Schülerinnen und Schüler nach ihrem Haustier.

Haustier	Katze	Kaninchen	Hund	Vogel	Fisch	Hamster
Anzahl	𝍸 𝍸 𝍸 𝍸	𝍸 𝍸 IIII	𝍸 𝍸 𝍸 𝍸 𝍸	𝍸 III	𝍸 𝍸	𝍸 II

Zeichne ein Streifendiagramm mit einer Länge von 10 cm.

Kreisdiagramm (Seite 69)

1 Dies sind die relativen Häufigkeiten zu einer Umfrage über die beliebtesten Mannschaftssportarten: Fußball (0,5), Handball (0,25); Basketball (0,125) und Volleyball (0,125). Zeichne ein Kreisdiagramm.

Zufallsversuche (Seite 70)

1 Die Polizei macht in der Innenstadt eine Fahrradkontrolle. Dabei wählt sie zufällig aus. Nenne drei mögliche Ergebnisse.

Wahrscheinlichkeiten bestimmen (Seite 71)

1 Bei einem Münzwurf notiert Robert 57-mal „Zahl“ und 43-mal „Kopf“. Wie groß ist die Wahrscheinlichkeit für „Zahl“ und „Kopf“?

Überprüfe dich selbst

1 a) Bestimme den Median von 72 €; 68 €; 81 €; 75 €; 62 €; 70 €.

b) Wie groß ist die Spannweite?

2 Berechne die durchschnittliche Regenmenge pro Tag aus den Werten 10 mm; 12 mm; 2 mm; 0 mm; 16 mm; 8 mm.

3 Thomas sagt: „Die Wahrscheinlichkeit, dass morgen die Sonne aufgeht, ist sicher.“
Was meint er mit seiner Aussage?

4 Übertrage das Streifendiagramm zur Lieblingssportart von 100 befragten Schülerinnen und Schüler in ein Kreisdiagramm. Nutze den gezeichneten Kreis. Runde die Winkel der Kreisausschnitte auf Einer.

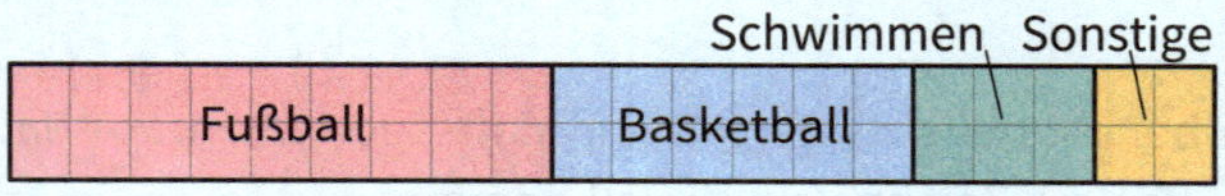

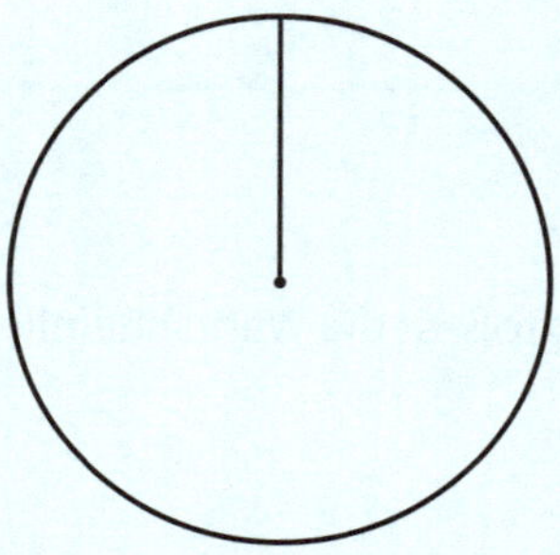

5 ✪ In einem Mathebuch steht: Die Wahrscheinlichkeit für „Kopf“ oder „Zahl“ beim Münzwurf beträgt 1 : 1. Was bedeutet die Aussage? Kreuze an.

a) Die Wahrscheinlichkeit für „Kopf“ ist genauso groß wie für „Zahl“, nämlich 0,5. ☐
b) Beim Münzwurf wechselt sich „Kopf“ mit „Zahl“ ab. ☐
c) Es ist unmöglich, zweimal hintereinander „Kopf“ oder „Zahl“ zu werfen. ☐
d Die Wahrscheinlichkeit für „Kopf“ ist genauso groß wie für „Zahl“, nämlich 1. ☐

6 Nenne drei Werte, deren Mittelwert und Median gleich 3 ist.

7 Die Tabelle zeigt die relative Häufigkeit der vier Blutgruppen bei 1 000 untersuchten Menschen.

	0	A	B	AB
relative Häufigkeit	0,415	0,432	0,117	
absolute Häufigkeit				

a) Wie groß ist die relative Häufigkeit für die Blutgruppe AB?

b) Bestimme die absoluten Häufigkeiten der Blutgruppen und trage sie in die Tabelle ein.

9 Die 6a veranstaltet eine Lotterie mit 300 Losen. Davon sind 100 Gewinnlose. Die Klasse wirbt für die Lotterie mit dem Slogan: „Jedes dritte Los gewinnt!“. Neo kauft 3 Lose, von denen keines ein Gewinnlos ist. „Ihr schummelt!“, sagt er. Was meinst du?

Formelsammlung

Winkelarten

spitzer Winkel

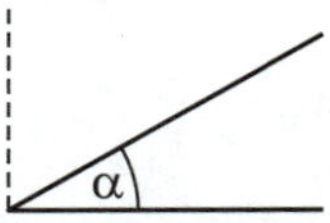

rechter Winkel

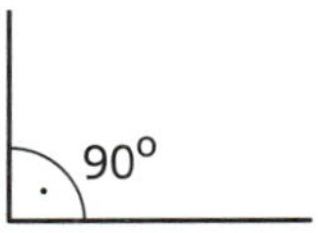

stumpfer Winkel

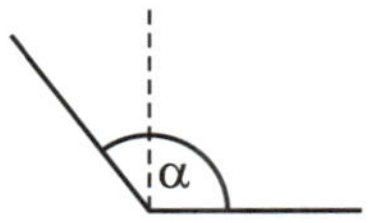

gestreckter Winkel

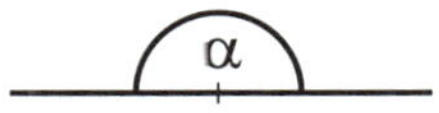

Symmetrien

Achsenspiegelung

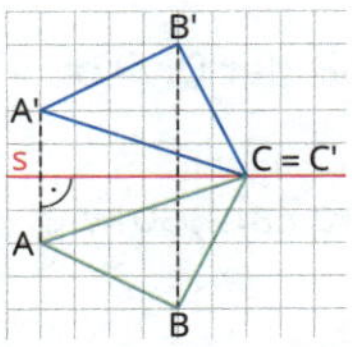

Punktspiegelung

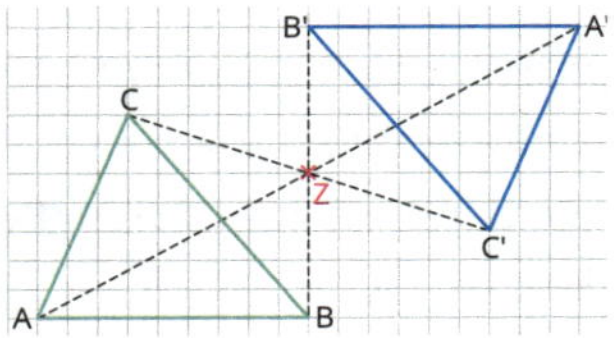

Drehung

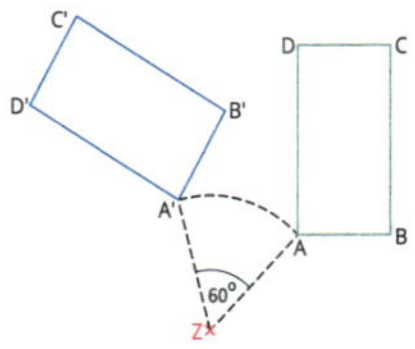

Verschiebung

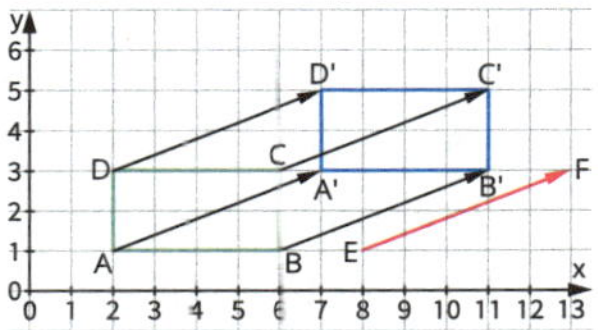

Gleichnamige Brüche addieren und subtrahieren

Addiere beide Zähler (Nenner bleibt gleich).

$\frac{1}{3}+\frac{1}{3}=\frac{1+1}{3}=\frac{2}{3}$

Subtrahiere beide Zähler (Nenner bleibt gleich).

$\frac{7}{8}-\frac{3}{8}=\frac{7-3}{8}=\frac{4}{8}$

Erweitern und Kürzen

$\frac{3}{5}$ erweitern mit 2: $\frac{3}{5}=\frac{3\cdot 2}{5\cdot 2}=\frac{6}{10}$

$\frac{8}{12}$ kürzen mit 4: $\frac{8}{12}=\frac{8:4}{12:4}=\frac{2}{3}$

Ungleichnamige Brüche addieren und subtrahieren

① Erweitere beide Brüche auf den Hauptnenner.
② Addiere beide Zähler (Nenner bleibt gleich).

$\frac{2}{3}+\frac{4}{5}=\frac{2\cdot 5}{3\cdot 5}+\frac{4\cdot 3}{5\cdot 3}=\frac{10}{15}+\frac{12}{15}=\frac{22}{15}$

① Erweitere beide Brüche auf den Hauptnenner.
② Subtrahiere beide Zähler (Nenner bleibt gleich).

$\frac{8}{9}-\frac{1}{4}=\frac{8\cdot 4}{9\cdot 4}-\frac{1\cdot 9}{4\cdot 9}=\frac{32}{36}-\frac{9}{36}=\frac{23}{36}$

Brüche vervielfachen und teilen

Multipliziere den Zähler, der Nenner bleibt gleich.

$3\cdot\frac{4}{5}=\frac{3\cdot 4}{5}=\frac{12}{5}$

Multipliziere den Nenner mit der natürlichen Zahl.

$\frac{3}{5}:2=\frac{3}{5\cdot 2}=\frac{3}{10}$

Brüche multiplizieren und dividieren

Multipliziere Zähler und Nenner miteinander.

$\frac{2}{3}\cdot\frac{4}{5}=\frac{2\cdot 4}{3\cdot 5}=\frac{8}{15}$

Multipliziere mit seinem Kehrwert.

$\frac{2}{3}:\frac{4}{5}=\frac{2}{3}\cdot\frac{5}{4}=\frac{10}{12}$

Dezimalzahlen runden

Du rundest eine Dezimalzahl auf eine Stelle auf, wenn die Ziffer der vorangegangenen Stelle 5, 6, 7, 6, 9 lautet.

Du rundest eine Dezimalzahl auf eine Stelle ab, wenn die Ziffer der vorangegangenen Stelle 0, 1, 2, 3, 4 lautet.

Dezimalzahlen mit Zehnerzahlen multiplizieren und dividieren

Multiplizieren: Verschiebe das Komma um die Anzahl der Nullen nach rechts.

Dividieren: Verschiebe das Komma um die Anzahl der Nullen nach links.

Formelsammlung

Dezimalzahlen addieren und subtrahieren

① Schreibe die Zahlen stellengerecht untereinander, auch Komma unter Komma.
② Ergänze mit Nullen.
③ Addiere bzw. subtrahiere von rechts nach links.

13,6 + 2,81

	Z	E	z	h
	1	3,	6	0
+		2,$_1$	8	1
	1	6,	4	1

9,34 – 6,5

	Z	E	z	h
		9,	3	4
–		6,$_1$	5	0
		2,	8	4

Dezimalzahlen multiplizieren und dividieren

Multiplikation:
① Multipliziere ohne Komma, so wie du es mit natürlichen Zahlen kennst.
② Setze im Ergebnis das Komma so, dass es so viele Nachkommastellen hat wie beide Dezimalzahlen aus der Rechnung zusammen.

Division:
① Multipliziere beide Zahlen mit 10, 100, ... bis der Divisor kein Komma mehr hat.
② Dividiere dann die Zahl durch die natürliche Zahl, so wie du es kennst.

Quadratkilometer, Hektar, Ar und Quadratmeter

$m \xrightarrow{:100} a \xrightarrow{:100} ha \xrightarrow{:100} km$

$km \xrightarrow{\cdot 100} ha \xrightarrow{\cdot 100} a \xrightarrow{\cdot 100} m$

Oberfläche von Würfel und Quader

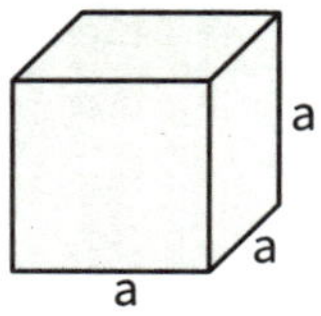

$O = 6 \cdot a \cdot a$
$= 6 \cdot a^2 = 6a^2$

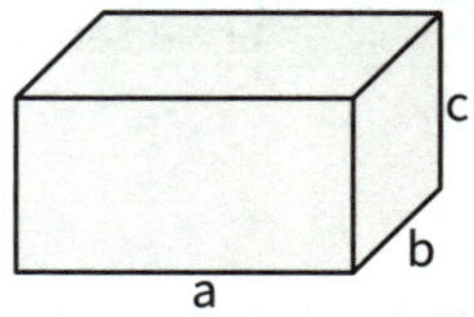

$O = 2 \cdot a \cdot b + 2 \cdot a \cdot c + 2 \cdot b \cdot c$
$= 2ab + 2ac + 2bc$

dm³, cm³, mm³, l und ml

$mm^3 \xrightarrow{:1\,000} cm^3 = ml \xrightarrow{:1\,000} dm^3 = l$

$dm^3 = l \xrightarrow{\cdot 1\,000} cm^3 = ml \xrightarrow{\cdot 1\,000} mm^3$

Volumern von Würfel und Quader

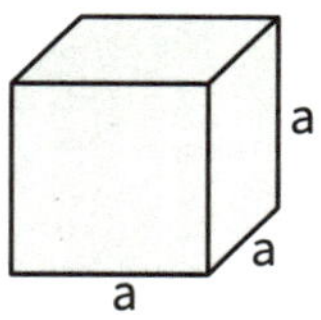

$V = a \cdot a \cdot a = a^3$

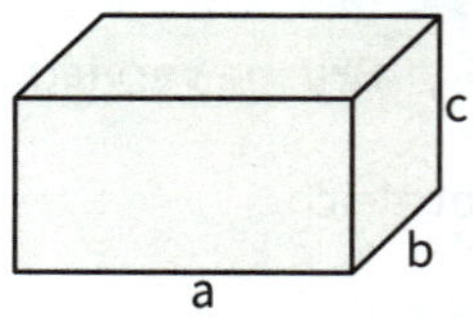

$V = a \cdot b \cdot c$

Mittelwert, Spannweite und Median

Mittelwert (Durchschnitt): Addiere alle Daten und teile die Summe durch die Anzahl der Daten.

Spannweite: Berechne die Differenz zwischen größten und kleinsten Wert aus der Liste der Daten.

Median (Zentralwert): Ordne die Daten nach ihrer Größe und notiere den Wert in der Mitte.

Absolute und relative Häufigkeit

absolute Häufigkeit: Anzahl, mit der ein bestimmter Wert auftritt

$\text{relative Häufigkeit} = \frac{\text{absolute Häufigkeit}}{\text{Gesamtzahl der Werte}}$

Daten in Diagrammen darstellen

Streifendiagramm

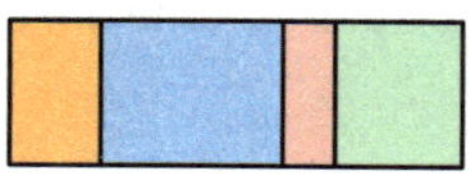

Kreisdiagramm